π **数学検定**

実用数学技能検定® 数検

過去問題集

THE MATHEMATICS CERTIFICATION INSTITUTE OF JAPAN
[THE Pre 2nd GRADE]

準2級

Pre 2

公益財団法人 **日本数学検定協会**

まえがき

　このたびは，実用数学技能検定「数検」（数学検定・算数検定，以下「数検」）に興味をお持ちくださり誠にありがとうございます。

　ご存じのとおり，Society 5.0と呼ばれる時代が押し寄せるとともに新型コロナウイルス感染症や政情不安の拡大などにより，世界情勢は大きく変化しています。そのような予測困難で複雑な社会をにらみ，日本の教育制度も新たな局面を迎え，2022年4月1日以降に高等学校に入学した生徒は，平成30（2018）年3月に告示された高等学校学習指導要領に沿った授業を受けることとなりました。

　「数検」は実用数学技能検定と称することから，数学の実用的な技能を測る数学の学習指標として検定基準を設け，作問を行っています。準2級で扱われる範囲には数学Ⅰ・数学Aの内容が含まれており，その技能の概要では，

　① グラフや図形の表現ができる。
　② 情報の選別や整理ができる。
　③ 身の回りの事象を数学的に説明できる。

といった日常生活や社会活動に応じた課題を正確に解決するために必要な数学技能が挙げられています。これらは，先の高等学校学習指導要領に示された数学科の目標にも十分に合致するものといえます。このように「数検」準2級の合格に向けた学習は，高等学校で学ぶ数学の基礎となる知識・技能，および思考力・判断力・表現力の向上に効果的であり，合格をめざすということが学びに向かうモチベーションにつながるものと考えられます。

　「数検」の学びは，現代社会での今日的な課題に貢献する力の素地形成としても役立ちます。たとえば，近年，企業において人的資本経営というものが目立つようになってきました。人的資本経営とは，人材を“資本”と捉えて価値を引き出すことで，企業価値を持続的に高める経営手法です。この手法では，人材にどのように投資し，人材価値がどのように高まったかを，企業は正確に測定・評価しなければなりません。学び続ける環境づくりには何が必要か，その成果としてどのようなことを実行するか，その結果として目標を達成できたかといった具体的な手立てや効果測定の際に，情報の整理，目標の定量化，データに基づく結果の分析などが重要になります。これらの取り組みの一部では，数学Ⅰのデータの分析の学習内容が基盤として関わってくるのです。

　「数検」準2級で求められる数学技能は，この例ばかりでなくあらゆる場面で活用できるものです。今後は文系理系を問わず，多くの環境において数学を実用的に使いこなす人材が求められるでしょう。「数検」準2級の学びは，さまざまな環境に踏み出す一歩をサポートします。高校生ばかりでなく社会人の方も，「数検」準2級の学びを今後のキャリアにつなげてください。

公益財団法人　日本数学検定協会

目　次

別冊 各問題の解答と解説は別冊に掲載されています。
本体からとりはずして使うこともできます。

検定概要

「実用数学技能検定」とは

「実用数学技能検定」（後援＝文部科学省。対象：1〜11級）は，数学・算数の実用的な技能（計算・作図・表現・測定・整理・統計・証明）を測る「記述式」の検定で，公益財団法人日本数学検定協会が実施している全国レベルの実力・絶対評価システムです。

検定階級

1級，準1級，2級，準2級，3級，4級，5級，6級，7級，8級，9級，10級，11級，かず・かたち検定のゴールドスター，シルバースターがあります。おもに，数学領域である1級から5級までを「数学検定」と呼び，算数領域である6級から11級，かず・かたち検定までを「算数検定」と呼びます。

1次：計算技能検定／2次：数理技能検定

数学検定（1〜5級）には，計算技能を測る「1次：計算技能検定」と数理応用技能を測る「2次：数理技能検定」があります。算数検定（6〜11級，かず・かたち検定）には，1次・2次の区分はありません。

「実用数学技能検定」の特長とメリット

①「記述式」の検定

解答を記述することで，答えに至る過程や結果について理解しているかどうかをみることができます。

②学年をまたぐ幅広い出題範囲

準1級から10級までの出題範囲は，目安となる学年とその下の学年の2学年分または3学年分にわたります。1年前，2年前に学習した内容の理解についても確認することができます。

③入試優遇や単位認定

実用数学技能検定の取得を，入試の際や単位認定に活用する学校が増えています。

入試優遇

単位認定

受検方法

受検方法によって，検定日や検定料，受検できる階級や申込方法などが異なります。くわしくは公式サイトでご確認ください。

🧍 個人受検

日曜日に年3回実施する個人受検Ａ日程と，土曜日に実施する個人受検Ｂ日程があります。
個人受検Ｂ日程で実施する検定回や階級は，会場ごとに異なります。

👥団体受検

団体受検とは，学校や学習塾などで受検する方法です。団体が選択した検定日に実施されます。くわしくは学校や学習塾にお問い合わせください。

✅ 検定日当日の持ち物

持ち物 ＼ 階級	1～5級 1次	1～5級 2次	6～8級	9～11級	かず・かたち検定
受検証 (写真貼付)※1	必須	必須	必須	必須	
鉛筆またはシャープペンシル (黒のHB・B・2B)	必須	必須	必須	必須	必須
消しゴム	必須	必須	必須	必須	必須
ものさし (定規)		必須	必須	必須	
コンパス		必須	必須		
分度器			必須		
電卓 (算盤)※2		使用可			

※1 団体受検では受検証は発行・送付されません。
※2 使用できる電卓の種類　○一般的な電卓　○関数電卓　○グラフ電卓
　　通信機能や印刷機能をもつもの，携帯電話・スマートフォン・電子辞書・パソコンなどの電卓機能は使用できません。

階級の構成

	階級	構成	検定時間	出題数	合格基準	目安となる学年
数学検定	1級	1次：計算技能検定　2次：数理技能検定があります。はじめて受検するときは1次・2次両方を受検します。	1次：60分　2次：120分	1次：7問　2次：2題必須・5題より2題選択	1次：全問題の70%程度　2次：全問題の60%程度	大学程度・一般
数学検定	準1級					高校3年程度（数学Ⅲ・数学C程度）
数学検定	2級		1次：50分　2次：90分	1次：15問　2次：2題必須・5題より3題選択		高校2年程度（数学Ⅱ・数学B程度）
数学検定	準2級			1次：15問　2次：10問		高校1年程度（数学Ⅰ・数学A程度）
数学検定	3級		1次：50分　2次：60分	1次：30問　2次：20問		中学校3年程度
数学検定	4級					中学校2年程度
数学検定	5級					中学校1年程度
算数検定	6級	1次／2次の区分はありません。	50分	30問	全問題の70%程度	小学校6年程度
算数検定	7級					小学校5年程度
算数検定	8級					小学校4年程度
算数検定	9級		40分	20問		小学校3年程度
算数検定	10級					小学校2年程度
算数検定	11級					小学校1年程度
かず・かたち検定	ゴールドスター			15問	10問	幼児
かず・かたち検定	シルバースター					

準2級の検定基準(抄)

検定の内容	技能の概要	目安となる学年
数と集合、数と式、二次関数・グラフ、二次不等式、三角比、データの分析、場合の数、確率、整数の性質、n進法、図形の性質 など	**日常生活や社会活動に応じた課題を正確に解決するために必要な数学技能(数学的な活用)** ①グラフや図形の表現ができる。 ②情報の選別や整理ができる。 ③身の回りの事象を数学的に説明できる。	高校1年程度
平方根、式の展開と因数分解、二次方程式、三平方の定理、円の性質、相似比、面積比、体積比、簡単な二次関数、簡単な統計 など	**社会で創造的に行動するために役立つ基礎的数学技能** ①簡単な構造物の設計や計算ができる。 ②斜めの長さを計算することができ、材料の無駄を出すことなく切断したり行動することができる。 ③製品や社会現象を簡単な統計図で表示することができる。	中学校3年程度

準2級の検定内容の構造

高校1年程度	中学校3年程度	特有問題
50%	40%	10%

※割合はおおよその目安です。
※検定内容の10%にあたる問題は,実用数学技能検定特有の問題です。

準2級

1次：計算技能検定

数学検定

実用数学技能検定®

[文部科学省後援 ※対象：1〜11級]

第1回 〔検定時間〕**50分**

——— 検定上の注意 ———

1. 自分が受検する階級の問題用紙であるか確認してください。

2. 検定開始の合図があるまで問題用紙を開かないでください。

3. この表紙の右下の欄に，氏名・受検番号を書いてください。

4. 解答用紙の氏名・受検番号・生年月日の記入欄は，もれのないように書いてください。

5. 解答用紙には答えだけを書いてください。

6. 答えが分数になるとき，約分してもっとも簡単な分数にしてください。

7. 答えに根号が含まれるとき，根号の中の数はもっとも小さい正の整数にしてください。

8. 電卓・ものさし・コンパスを使用することはできません。

9. 携帯電話は電源を切り，検定中に使用しないでください。

10. 問題用紙に乱丁・落丁がありましたら検定監督官に申し出てください。

11. 出題内容に関する事項を当協会の許可なくインターネットなどの不特定多数が閲覧できるような所に掲載することを固く禁じます。

下記の「個人情報の取り扱い」についてご同意いただいたうえでご提出ください。

【このフォームでお預かりするすべての個人情報の取り扱いについて】

1. 事業者の名称　　公益財団法人日本数学検定協会

2. 個人情報保護管理者の職名，所属および連絡先
管理者職名＝個人情報保護管理者
所属部署＝事務局　事務局次長　　連絡先＝03-5812-8340

3. 個人情報の利用目的　　受検者情報の管理，採点，本人確認のため。

4. 個人情報の第三者への提供　　団体窓口経由でお申し込みの場合は，検定結果を通知するために，申し込み情報，氏名，受検階級，成績を，Webでのお知らせまたはFAX，送付，電子メール添付などにより，お申し込みもとの団体様に提供します。その他法令に定める特別な場合を除いて，ご本人様の同意なく第三者へ開示・提供いたしません。

5. 個人情報取り扱いの委託　　前項利用目的の範囲に限って個人情報を外部に委託することがあります。

6. 個人情報の開示等の請求　　ご本人様はご自身の個人情報の開示等に関して，下記の当協会お問い合わせ窓口に申し出ることができます。その際，当協会はご本人様を確認させていただいたうえで，合理的な対応を期間内にいたします。

【問い合わせ窓口】
公益財団法人日本数学検定協会　検定問い合わせ係
〒110-0005 東京都台東区上野5-1-1 文昌堂ビル6階
TEL：03-5812-8340 電話問い合わせ時間 月〜金 10:00-16:00
（祝日・年末年始・当協会の休業日を除く）

7. 個人情報を提供されることの任意性について
ご本人様が当協会に個人情報を提供されるかどうかは任意によるものです。ただし正しい情報をいただけない場合，適切な対応ができない場合があります。

氏　名	
受検番号	―

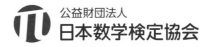

公益財団法人
日本数学検定協会

〔準2級〕　　1次：計算技能検定

1 次の問いに答えなさい。

（1） 次の式を展開して計算しなさい。

$$(a + 2b)^2 - 4b(a - 3b)$$

（2） 次の式を因数分解しなさい。

$$x^2 - 5x - 24$$

（3） 次の計算をしなさい。答えが分数になるときは，分母を有理化して答えなさい。

$$\frac{6}{\sqrt{2}} + \sqrt{98} - 2\sqrt{18}$$

（4） 次の方程式を解きなさい。

$$x^2 + 4x - 16 = 0$$

（5） 関数 $y = ax^2$ について，$x = 2$ のとき $y = -8$ です。このとき，定数 a の値を求めなさい。

2 次の問いに答えなさい。

(6) 右の図において，線分ABは円Oの直径，点Cは円Oの周上の点です。∠ABC＝54°のとき，∠CABの大きさを求めなさい。

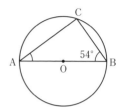

(7) 右の図の直角三角形において，xの値を求めなさい。

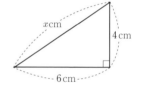

(8) 次の式を展開して計算しなさい。

$$(a+b+2)(a+b-1)$$

（9） 次の式を因数分解しなさい。

$$x^2z - y^2z - x^2 + y^2$$

（10） 次の計算をしなさい。答えが分数になるときは，分母を有理化して答えなさい。

$$\frac{18}{\sqrt{7}+2} - 6\sqrt{7}$$

3   次の問いに答えなさい。

(11)　放物線 $y = -x^2 + 6x + 1$ の頂点の座標を求めなさい。

(12)　次の不等式を解きなさい。

$$\frac{2x+1}{3} \leqq \frac{1}{6}x + 1$$

(13)　2進法で表された数 $1010101_{(2)}$ を10進法で表しなさい。

(14) 　90°＜θ＜180°で $\sin\theta = \dfrac{1}{6}$ のとき，次の問いに答えなさい。

　① 　$\cos\theta$ の値を求めなさい。

　② 　$\tan\theta$ の値を求めなさい。

(15) 　次の問いに答えなさい。

　① 　${}_6\mathrm{P}_3$ の値を求めなさい。

　② 　${}_6\mathrm{C}_3$ の値を求めなさい。

1	（1）	
	（2）	
	（3）	
	（4）	
	（5）	
2	（6）	
	（7）	
	（8）	
	（9）	
	（10）	

※自分が受検する階級の解答用紙であるか確認してください。太わくの部分は必ず記入してください。

ここに1次検定用のバーコードシールを貼ってください。

ふりがな		受検番号
姓	名	－

生年月日	大正　昭和　平成　西暦	年　月　日 生

性別（□をぬりつぶしてください）男□　女□　年齢　　歳

□□□-□□□□

住　所

／15

公益財団法人 日本数学検定協会

3	(11)	
	(12)	
	(13)	
	(14)	①
		②
	(15)	①
		②

●検定時間内に記入できるかたはアンケートにご協力ください。あてはまるものの □ をぬりつぶしてください。

検定時間はどうでしたか。	問題の内容はいかがでしたか。	算数・数学は得意ですか。
短い □　よい □　長い □	難しい □　ふつう □　易しい □	はい □　　いいえ □

受検した目的を下の中から1つ選び、あてはまるものの □ をぬりつぶしてください。

① 能力を知るため・挑戦したかった　　② 進学に役立てるため　　③ 資格取得・就職・将来のため

④ 好き・楽しいから　　　　　　　　　⑤ 算数・数学が得意になりたい　　⑥ 先生・塾・親・友達の勧め

⑦ その他　　　　　　　　　　（ ① □　② □　③ □　④ □　⑤ □　⑥ □　⑦ □ ）

監督官から「この検定問題は、本日開封されました」という宣言を聞きましたか。

はい □　　いいえ □

17

準2級

2次：数理技能検定

数学検定

実用数学技能検定®

[文部科学省後援 ※対象：1〜11級]

第1回

〔検定時間〕90分

——— 検定上の注意 ———

1. 自分が受検する階級の問題用紙であるか確認してください。
2. 検定開始の合図があるまで問題用紙を開かないでください。
3. この表紙の右下の欄に，氏名・受検番号を書いてください。
4. 解答用紙の氏名・受検番号・生年月日の記入欄は，もれのないように書いてください。
5. 解答は必ず解答用紙（裏面にもあります）に書き，解法の過程がわかるように記述してください。ただし，「答えだけを書いてください」と指示されている問題は答えだけを書いてください。
6. 答えが分数になるとき，約分してもっとも簡単な分数にしてください。
7. 答えに根号が含まれるとき，根号の中の数はもっとも小さい正の整数にしてください。
8. 電卓を使用することができます。
9. 携帯電話は電源を切り，検定中に使用しないでください。
10. 問題用紙に乱丁・落丁がありましたら検定監督官に申し出てください。
11. 出題内容に関する事項を当協会の許可なくインターネットなどの不特定多数が閲覧できるような所に掲載することを固く禁じます。

下記の「個人情報の取り扱い」についてご同意いただいたうえでご提出ください。

【このフォームでお預かりするすべての個人情報の取り扱いについて】

1. 事業者の名称　　公益財団法人日本数学検定協会
2. 個人情報保護管理者の職名，所属および連絡先
   管理者職名＝個人情報保護管理者
   所属部署＝事務局　事務局次長　　連絡先＝03-5812-8340
3. 個人情報の利用目的　　受検者情報の管理，採点，本人確認のため。
4. 個人情報の第三者への提供　　団体窓口経由でお申し込みの場合は，検定結果を通知するために，申し込み情報，氏名，受検階級，成績を，Web でのお知らせまたは FAX，送付，電子メール添付などにより，お申し込みもとの団体様に提供します。その他法令に定める特別な場合を除いて，ご本人様の同意なく第三者へ開示・提供いたしません。
5. 個人情報取り扱いの委託　　前項利用目的の範囲に限って個人情報を外部に委託することがあります。
6. 個人情報の開示等の請求　　ご本人様はご自身の個人情報の開示等に関して，下記の当協会お問い合わせ窓口に申し出ることができます。その際，当協会はご本人様を確認させていただいたうえで，合理的な対応を期間内にいたします。

【問い合わせ窓口】
公益財団法人日本数学検定協会　検定問い合わせ係
〒110-0005 東京都台東区上野 5-1-1 文昌堂ビル 6 階
TEL：03-5812-8340 電話問い合わせ時間 月〜金 10:00-16:00
（祝日・年末年始・当協会の休業日を除く）

7. 個人情報を提供されることの任意性について
ご本人様が当協会に個人情報を提供されるかどうかは任意によるものです。ただし正しい情報をいただけない場合，適切な対応ができない場合があります。

氏 名	
受検番号	－

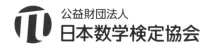

公益財団法人
日本数学検定協会

〔準２級〕　　２次：数理技能検定

1 右の図のような，∠ABC＝９０°，BC＝6cm，AC＝$3\sqrt{13}$cm，AD＝4cmの三角柱があります。これについて，次の問いに答えなさい。

（測定技能）

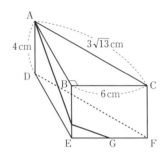

（1） 辺ABの長さを求めなさい。この問題は答えだけを書いてください。

（2） 辺EFの中点をGとし，点Aから辺BEを通って点Gまで糸をかけます。かける糸の長さがもっとも短くなるときの，糸の長さを求めなさい。

2 次の問いに答えなさい。

（3） Aさんは差が３となる２つの整数の組を次々に読み上げ，それに対してBさんはこれらの整数のうち，大きいほうの数の２乗から小さいほうの数の２乗をひいた差を求めていきます。

Aさん	Bさん
3，6	$6^2-3^2＝36-9＝27$
4，7	$7^2-4^2＝49-16＝33$
5，8	$8^2-5^2＝64-25＝39$
⋮	⋮

これを見て２人は，Bさんの求める値が必ず３の倍数になるのではないかと予想しました。小さいほうの整数をnとして，２人の予想が正しいことを証明しなさい。

（証明技能）

3 次の問いに答えなさい。

（4） n を正の整数とします。$\sqrt{73-4n}$ が整数となるような n の値をすべて求めなさい。この問題は答えだけを書いてください。

4 a を定数とします。x の2次方程式 $x^2+(2-a)x+3a-14=0$ について，次の問いに答えなさい。

（5） $a=10$ のとき，この2次方程式を解きなさい。この問題は答えだけを書いてください。

（6） この2次方程式が異なる2つの実数解をもつとき，a のとり得る値の範囲を求めなさい。

<u>**5**</u>　　次の問いに答えなさい。

（7）　1個のさいころを6回続けて振るとき，出た目の数の積が3の倍数になる確率を求め
　　　なさい。ただし，さいころの目は1から6まであり，どの目も出る確率は等しいものと
　　　します。

6 AB＝6，CA＝5，$\cos A = \dfrac{2}{5}$ である△ABCについて，次の問いに答えなさい。

（測定技能）

（8） 余弦定理を用いて，辺BCの長さを求めなさい。

（9） △ABCの面積を求めなさい。この問題は答えだけを書いてください。

7 次の問いに答えなさい。

(10) 1，2，3，4，5，6の中から異なる数を4つ選び，選んだ数を正四面体の4つの面に1つずつ書きます。各頂点には面が3つずつ集まっていますが，頂点ごとにその3面に書かれた数の積をつくり，それら4つの積の和をPとします。

たとえば，選んだ4数が1，2，3，4のとき

$$P = 1 \cdot 2 \cdot 3 + 1 \cdot 2 \cdot 4 + 1 \cdot 3 \cdot 4 + 2 \cdot 3 \cdot 4 = 50$$

となります。

Pが奇数の値をとることはありますか。あればその奇数の値をすべて挙げ，なければ「ない」と答えなさい。この問題は答えだけを書いてください。 (整理技能)

1	(1)	
		※解法の過程を記述してください。
	(2)	
2	(3)	※解法の過程を記述してください。

※自分が受検する階級の解答用紙であるか確認してください。太わくの部分は必ず記入してください。

ここに2次検定用のバーコードシールを貼ってください。

ふりがな		受検番号
姓	名	―
生年月日 大正 昭和 平成 西暦		年 月 日生
性別（□をぬりつぶしてください）男□ 女□	年齢 歳
住所	□□□-□□□□	/10

公益財団法人 日本数学検定協会

3	(4)	
	(5)	
4	(6)	※解法の過程を記述してください。
5	(7)	※解法の過程を記述してください。

6	(8)	※解法の過程を記述してください。
	(9)	
7	(10)	

公益財団法人 日本数学検定協会

準2級

1次：計算技能検定

数学検定

実用数学技能検定®

[文部科学省後援 ※対象：1〜11級]

第2回　〔検定時間〕50分

検定上の注意

1. 自分が受検する階級の問題用紙であるか確認してください。

2. 検定開始の合図があるまで問題用紙を開かないでください。

3. この表紙の右下の欄に、氏名・受検番号を書いてください。

4. 解答用紙の氏名・受検番号・生年月日の記入欄は、もれのないように書いてください。

5. 解答用紙には答えだけを書いてください。

6. 答えが分数になるとき、約分してもっとも簡単な分数にしてください。

7. 答えに根号が含まれるとき、根号の中の数はもっとも小さい正の整数にしてください。

8. 電卓・ものさし・コンパスを使用することはできません。

9. 携帯電話は電源を切り、検定中に使用しないでください。

10. 問題用紙に乱丁・落丁がありましたら検定監督官に申し出てください。

11. 出題内容に関する事項を当協会の許可なくインターネットなどの不特定多数が閲覧できるような所に掲載することを固く禁じます。

12. 検定終了後、この問題用紙は解答用紙と一緒に回収します。必ず検定監督官に提出してください。

氏　名	
受検番号	―

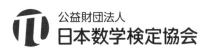

公益財団法人
日本数学検定協会

〔準2級〕　　1次：計算技能検定

1 次の問いに答えなさい。

（1）　次の式を展開して計算しなさい。

$$(a+3)^2 - (3a+1)^2 - 8$$

（2）　次の式を因数分解しなさい。

$$81a^2 - 49b^2$$

（3）　次の計算をしなさい。

$$\sqrt{6} \times \sqrt{15} \times \sqrt{18} \times \sqrt{20}$$

（4） 次の方程式を解きなさい。

$$3 (x-1)^2 - 96 = 0$$

（5） 関数 $y = ax^2$ について，$x = 3$ のとき $y = 15$ です。このとき，定数 a の値を求めなさい。

2 次の問いに答えなさい。

（6） 右の図の△ABCにおいて，BC∥DEのとき，xの値を求めなさい。

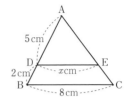

（7） 縦の長さが$6\sqrt{2}$cm，横の長さが7cm の長方形について，対角線の長さを求めなさい。

（8） 次の式を展開して計算しなさい。

$$(a^2 + 2a + 2)(a^2 - 2a + 2)$$

（9） 次の式を因数分解しなさい。

$$4\,a^2 + 4\,a - 3$$

（10） 次の循環小数を分数で表しなさい。

$$5.2\dot{7}$$

3 次の問いに答えなさい。

(11) 放物線 $y = x^2 + 8x + 1$ の頂点の座標を求めなさい。

(12) 次の方程式を解きなさい。

$$|x + 3| = 11$$

(13) 右の図の△ABCにおいて，3点P，Q，Rはそれぞれ
辺BC，CA，AB上の点です。3つの線分AP，BQ，
CRが1点Oで交わるとき，AQ：QCをもっとも簡単な
整数の比で表しなさい。

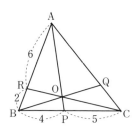

(14)　90°＜θ＜180°で $\sin\theta=\dfrac{6}{7}$ のとき，次の問いに答えなさい。

　① $\cos\theta$ の値を求めなさい。

　② $\tan\theta$ の値を求めなさい。

(15)　次の問いに答えなさい。

　① ${}_8\mathrm{P}_4$ の値を求めなさい。

　② ${}_{12}\mathrm{C}_9$ の値を求めなさい。

	(1)	
1	(2)	
	(3)	
	(4)	
	(5)	
2	(6)	
	(7)	
	(8)	
	(9)	
	(10)	

※自分が受検する階級の解答用紙であるか確認してください。太わくの部分は必ず記入してください。

ここに1次検定用のバーコードシールを貼ってください。	ふりがな 姓 名	受検番号 ―
	生年月日 大正 昭和 平成 西暦 年 月 日生	
	性別（□をぬりつぶしてください）男□ 女□	年齢 歳
	住所 □□□-□□□□	/15

公益財団法人 **日本数学検定協会**

3	(11)		
	(12)		
	(13)		
	(14)	①	
		②	
	(15)	①	
		②	

第2回

●検定時間内に記入できるかたはアンケートにご協力ください。あてはまるものの□をぬりつぶしてください。

検定時間はどうでしたか。	問題の内容はいかがでしたか。	算数・数学は得意ですか。
短い □　よい □　長い □	難しい □　ふつう □　易しい □	はい □　いいえ □

受検した目的を下の中から1つ選び，あてはまるものの□をぬりつぶしてください。

① 能力を知るため・挑戦したかった　　② 進学に役立てるため　　③ 資格取得・就職・将来のため

④ 好き・楽しいから　　⑤ 算数・数学が得意になりたい　　⑥ 先生・塾・親・友達の勧め

⑦ その他　　　　（ ① □　② □　③ □　④ □　⑤ □　⑥ □　⑦ □ ）

監督官から「この検定問題は，本日開封されました」という宣言を聞きましたか。

　　　　　　　　　　　　　　　　　　　　　　　　はい □　　いいえ □

················· Memo ·······················

準2級
2次：数理技能検定

数学検定
実用数学技能検定®
[文部科学省後援 ※対象：1〜11級]

第2回　　　　　　　　　　　〔検定時間〕90分

───── 検定上の注意 ─────

1. 自分が受検する階級の問題用紙であるか確認してください。

2. 検定開始の合図があるまで問題用紙を開かないでください。

3. この表紙の右下の欄に，氏名・受検番号を書いてください。

4. 解答用紙の氏名・受検番号・生年月日の記入欄は，もれのないように書いてください。

5. 解答は必ず解答用紙（裏面にもあります）に書き，解法の過程がわかるように記述してください。ただし，「答えだけを書いてください」と指示されている問題は答えだけを書いてください。

6. 答えが分数になるとき，約分してもっとも簡単な分数にしてください。

7. 答えに根号が含まれるとき，根号の中の数はもっとも小さい正の整数にしてください。

8. 電卓を使用することができます。

9. 携帯電話は電源を切り，検定中に使用しないでください。

10. 問題用紙に乱丁・落丁がありましたら検定監督官に申し出てください。

11. 出題内容に関する事項を当協会の許可なくインターネットなどの不特定多数が閲覧できるような所に掲載することを固く禁じます。

12. 検定終了後，この問題用紙は解答用紙と一緒に回収します。必ず検定監督官に提出してください。

下記の「個人情報の取り扱い」についてご同意いただいたうえでご提出ください。

【このフォームでお預かりするすべての個人情報の取り扱いについて】

1. 事業者の名称　　公益財団法人日本数学検定協会

2. 個人情報保護管理者の職名，所属および連絡先
管理者職名＝個人情報保護管理者
所属部署＝事務局　事務局次長　　連絡先＝03-5812-8340

3. 個人情報の利用目的　　受検者情報の管理，採点，本人確認のため。

4. 個人情報の第三者への提供　　団体窓口経由でお申し込みの場合は，検定結果を通知するために，申し込み情報，氏名，受検階級，成績を，Web でのお知らせまたは FAX，送付，電子メール添付などにより，お申し込みもとの団体様に提供します。その他法令に定める特別な場合を除いて，ご本人様の同意なく第三者へ開示・提供いたしません。

5. 個人情報取り扱いの委託　　前項利用目的の範囲に限って個人情報を外部に委託することがあります。

6. 個人情報の開示等の請求　　ご本人様はご自身の個人情報の開示等に関して，下記の当協会お問い合わせ窓口に申し出ることができます。その際，当協会はご本人様を確認させていただいたうえで，合理的な対応を期間内にいたします。

【問い合わせ窓口】
公益財団法人日本数学検定協会　検定問い合わせ係
〒110-0005 東京都台東区上野 5-1-1 文昌堂ビル 6 階
TEL：03-5812-8340 電話問い合わせ時間 月〜金 10:00-16:00
（祝日・年末年始・当協会の休業日を除く）

7. 個人情報を提供されることの任意性について
ご本人様が当協会に個人情報を提供されるかどうかは任意によるものです。ただし正しい情報をいただけない場合，適切な対応ができない場合があります。

氏　名	
受検番号	―

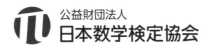
公益財団法人
日本数学検定協会

〔準2級〕　　2次：数理技能検定

1 　右の図のように，円Oの外部の点Aから，円の
中心Oを通る直線を引きます。この直線と円Oと
の交点のうち，点Aから遠いほうをBとします。
また，点Aから円Oに接線を1本引き，接点をC
とします。

　点Bから直線ACに引いた垂線と直線ACとの交
点をDとするとき，次の問いに答えなさい。

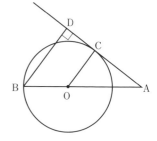

（1）　△AOC∽△ABDを証明しなさい。　（証明技能）

（2）　円Oの半径が6 cm，AO＝10 cmのとき，線分BDの長さを求めなさい。この問題は
答えだけを書いてください。

（測定技能）

2 次の問いに答えなさい。

（3） 正の数 x に対して，x を超えない最大の整数を x の整数部分，x から x の整数部分をひいた値を x の小数部分といいます。たとえば $\sqrt{2}\,(=1.414\cdots)$ については，$1<\sqrt{2}<2$ より，$\sqrt{2}$ の整数部分は 1，$\sqrt{2}$ の小数部分は $\sqrt{2}-1$ となります。

$\sqrt{13}$ の小数部分を a とするとき，a^2+6a の値を求めなさい。

第2回

準2－2－3

3 次の問いに答えなさい。

（4） ある工場で生産したカバン35000個から600個を無作為に選んで調べたところ，そのうち7個が不良品でした。この35000個のカバンの中に，不良品がおよそ何個含まれていると考えられますか。答えは一の位を四捨五入して，十の位まで求めなさい。この問題は答えだけを書いてください。 （統計技能）

4 a を定数とします。2次関数 $y = x^2 - ax + a^2 + 6a - 9$ について，次の問いに答えなさい。

（5） $a = 1$ のとき，y の最小値を求めなさい（最小値をとる x の値を答える必要はありません）。この問題は答えだけを書いてください。

（6） この2次関数のグラフが x 軸と接するとき，a の値を求めなさい。

5 　次の問いに答えなさい。

（7）　AB＝6，BC＝8，CA＝7である△ABCについて，余弦定理を用いて $\cos A$ の値を求めなさい。　　　　　　　　　　　　　　　　　　　　　　　（測定技能）

6 2本の当たりくじを含む9本のくじが入った箱Aと，3本の当たりくじを含む10本のくじが入った箱Bがあります。A，Bそれぞれの箱から無作為に1本ずつくじを引くとき，次の問いに答えなさい。

（8） 引いた2本のくじがともに当たりくじである確率を求めなさい。この問題は答えだけを書いてください。

（9） 引いた2本のくじのうち，1本は当たりくじ，もう1本は当たりくじでない確率を求めなさい。

7 次の問いに答えなさい。

(10) 縦の長さ，横の長さ，高さがすべて正の整数値をとる直方体があります。縦，横，高さの和（3辺の長さの和）が19，体積が240のとき，この直方体の表面積を求めなさい。この問題は答えだけを書いてください。 （整理技能）

1	（1）	※解法の過程を記述してください。
	（2）	
2	（3）	※解法の過程を記述してください。

※自分が受検する階級の解答用紙であるか確認してください。太わくの部分は必ず記入してください。

ここに２次検定用のバーコードシールを
貼ってください。

ふりがな		受検番号
姓	名	－
生年月日 大正 昭和 平成 西暦	年 月 日生	
性別（□をぬりつぶしてください）男□ 女□	年齢 歳	
住 所 □□□-□□□□		／10

公益財団法人 **日本数学検定協会**

3	（4）	
	（5）	
4	（6）	※解法の過程を記述してください。
5	（7）	※解法の過程を記述してください。

第2回

6	(8)	
	(9)	※解法の過程を記述してください。
7	(10)	

公益財団法人 日本数学検定協会

準2級

1次：計算技能検定

数学検定

実用数学技能検定®

[文部科学省後援 ※対象:1〜11級]

――――― 検定上の注意 ―――――

1. 自分が受検する階級の問題用紙であるか確認してください。
2. 検定開始の合図があるまで問題用紙を開かないでください。
3. この表紙の右下の欄に、氏名・受検番号を書いてください。
4. 解答用紙の氏名・受検番号・生年月日の記入欄は、もれのないように書いてください。
5. 解答用紙には答えだけを書いてください。
6. 答えが分数になるとき、約分してもっとも簡単な分数にしてください。
7. 答えに根号が含まれるとき、根号の中の数はもっとも小さい正の整数にしてください。
8. 電卓・ものさし・コンパスを使用することはできません。
9. 携帯電話は電源を切り、検定中に使用しないでください。
10. 問題用紙に乱丁・落丁がありましたら検定監督官に申し出てください。
11. 出題内容に関する事項を当協会の許可なくインターネットなどの不特定多数が閲覧できるような所に掲載することを固く禁じます。
12. 検定終了後、この問題用紙は解答用紙と一緒に回収します。必ず検定監督官に提出してください。

氏　名	
受検番号	―

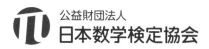

公益財団法人
日本数学検定協会

〔準2級〕 1次：計算技能検定

1 次の問いに答えなさい。

（1） 次の式を展開して計算しなさい。

$$(2a+1)(2-a)+2a^2$$

（2） 次の式を因数分解しなさい。

$$a^2+5ab+6b^2$$

（3） 次の計算をしなさい。答えが分数になるときは，分母を有理化して答えなさい。

$$\frac{2}{\sqrt{8}}+\frac{3}{\sqrt{2}}$$

（4）　次の 2 次方程式を解きなさい。

$$x^2 - 4x - 1 = 0$$

（5）　y は x の 2 乗に比例し，$x = -4$ のとき $y = -8$ です。このとき，y を x を用いて表しなさい。

2 次の問いに答えなさい。

（6） 右の図において，点Eは線分ADとBCの交点です。
AB∥CDのとき，xの値を求めなさい。

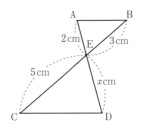

（7） 右の図の直角三角形について，xの値を求めなさい。

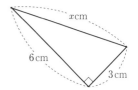

（8） 次の式を展開して計算しなさい。

$$(a+1)(a-1)(a+4)(a-4)$$

（9）　次の式を因数分解しなさい。

$$2\,a^2 - 5\,ab - 3\,b^2$$

（10）　次の式の分母を有理化しなさい。

$$\frac{2\sqrt{5} + 3\sqrt{2}}{2\sqrt{5} - 3\sqrt{2}}$$

3 次の問いに答えなさい。

(11) 放物線 $y = x^2 + 6x + 5$ の頂点の座標を求めなさい。

(12) 次の２次不等式を解きなさい。

$$x^2 - 7x - 18 \leqq 0$$

(13) 右の図において，x の値を求めなさい。ただし，
ABとCDは円の弦です。

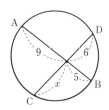

(14)　90°＜θ＜180°で$\sin\theta = \dfrac{2}{3}$のとき，次の問いに答えなさい。

　　①　$\cos\theta$ の値を求めなさい。

　　②　$\tan\theta$ の値を求めなさい。

第3回

(15)　次の問いに答えなさい。

　　①　4！の値を求めなさい。

　　②　$\dfrac{8!}{2!6!}$ の値を求めなさい。

1	（1）	
	（2）	
	（3）	
	（4）	
	（5）	
2	（6）	
	（7）	
	（8）	
	（9）	
	（10）	

※自分が受検する階級の解答用紙であるか確認してください。太わくの部分は必ず記入してください。

ここに1次検定用のバーコードシールを貼ってください。

ふりがな		受検番号
姓　　　　名		―

生年月日　大正　昭和　平成　西暦　　年　月　日生

性別（□をぬりつぶしてください）男□　女□　　年齢　　歳

住所　□□□-□□□□

／15

公益財団法人 日本数学検定協会

3	(11)	
	(12)	
	(13)	
	(14)	①
		②
	(15)	①
		②

第3回

●検定時間内に記入できるかたはアンケートにご協力ください。あてはまるものの□をぬりつぶしてください。

検定時間はどうでしたか。	問題の内容はいかがでしたか。	算数・数学は得意ですか。
短い □　よい □　長い □	難しい □　ふつう □　易しい □	はい □　　いいえ □

受検した目的を下の中から1つ選び，あてはまるものの□をぬりつぶしてください。

① 能力を知るため・挑戦したかった　　② 進学に役立てるため　　③ 資格取得・就職・将来のため
④ 好き・楽しいから　　　　　　　　　⑤ 算数・数学が得意になりたい　　⑥ 先生・塾・親・友達の勧め
⑦ その他

(① □　② □　③ □　④ □　⑤ □　⑥ □　⑦ □)

監督官から「この検定問題は，本日開封されました」という宣言を聞きましたか。

はい □　　いいえ □

準2級

2次：数理技能検定

数学検定

実用数学技能検定®

[文部科学省後援 ※対象:1〜11級]

―――― 検定上の注意 ――――

1. 自分が受検する階級の問題用紙であるか確認してください。
2. 検定開始の合図があるまで問題用紙を開かないでください。
3. この表紙の右下の欄に，氏名・受検番号を書いてください。
4. 解答用紙の氏名・受検番号・生年月日の記入欄は，もれのないように書いてください。
5. 解答は必ず解答用紙（裏面にもあります）に書き，解法の過程がわかるように記述してください。ただし，「答えだけを書いてください」と指示されている問題は答えだけを書いてください。
6. 答えが分数になるとき，約分してもっとも簡単な分数にしてください。
7. 答えに根号が含まれるとき，根号の中の数はもっとも小さい正の整数にしてください。
8. 電卓を使用することができます。
9. 携帯電話は電源を切り，検定中に使用しないでください。
10. 問題用紙に乱丁・落丁がありましたら検定監督官に申し出てください。
11. 出題内容に関する事項を当協会の許可なくインターネットなどの不特定多数が閲覧できるような所に掲載することを固く禁じます。
12. 検定終了後，この問題用紙は解答用紙と一緒に回収します。必ず検定監督官に提出してください。

氏　名	
受検番号	―

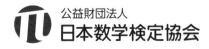

公益財団法人
日本数学検定協会

〔準2級〕 2次：数理技能検定

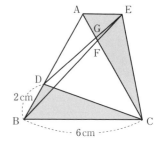

1 1辺の長さが6cmの正三角形ABCにおいて，辺AB上にBD＝2cmを満たす点Dをとります。右の図のように，△DBCを，点Cを中心として，点Bが点Aに重なるように回転移動した△EACをつくるとき，次の問いに答えなさい。 （測定技能）

（1） 線分ACとBEの交点をFとするとき，△AEF∽△CBFが成り立ちます(このことを証明する必要はありません)。これを用いて，線分CFの長さを求めなさい。

（2） 線分ACとDEの交点をGとするとき，線分CGの長さを求めなさい。この問題は答えだけを書いてください。

2 次の問いに答えなさい。

（3） 右の図の直方体ABCD-EFGHにおいて、辺BCの長さは辺ABの長さの2倍で、辺BFの長さは8cmです。

この直方体の表面積が180cm²のとき、辺ABの長さを x cmとして、x を求めるための方程式をつくり、それを解いて x の値を求めなさい。ただし、$x>0$ とします。

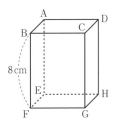

3 次の問いに答えなさい。

（4） n を正の整数とします。$\sqrt{\dfrac{108}{n}}$ が整数となるような n の値をすべて求めなさい。この問題は答えだけを書いてください。

4 a, b, c を定数とし，$a \neq 0$ とします。右の図は 2 次関数 $y = ax^2 + bx + c$ のグラフで，頂点の x 座標は正，y 座標は 負です。グラフと y 軸との交点を A として，点 A の y 座標 が正であるとき，次の問いに答えなさい。

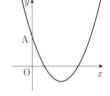

(5) c の符号を求めなさい。この問題は答えだけを書いてくだ さい。

(6)   グラフの頂点の x 座標を a，b を用いて表すことにより， b の符号を求めなさい。

5 次の問いに答えなさい。

（7） $AB = CA = 6$，$\cos A = -\dfrac{1}{4}$ である△ABCについて，余弦定理を用いて，辺BCの長さを求めなさい。 （測定技能）

6 　袋の中に，赤球4個，白球2個，青球1個の合計7個の球が入っています。この中から無作為に選んだ3個の球を同時に取り出すとき，次の問いに答えなさい。

（8）　赤球を1個も取り出さない確率を求めなさい。この問題は答えだけを書いてください。

（9）　取り出した球の色が3種類になる確率を求めなさい。

7 次の問いに答えなさい。

(10) 1から始めて，そこから2を次々とかけた値の先頭の数を考えます。たとえば，2を10回までかけたとき

$$1→2→4→8→16→32→64→128→256→512→1024$$

となり，それぞれの値における先頭の数は

$$1→2→4→8→1→3→6→1→2→5→1 \quad …①$$

と変化します。

ここで先頭の数において，1から始まり1に戻るまでにどのように変化するかを調べると，1から1024（＝2^{10}）までは，①より

$$\begin{cases} 1→2→4→8→1 \\ 1→3→6→1 \\ 1→2→5→1 \end{cases}$$

の3パターンあることがわかります。

実際，2を11回以上かけた値も含めて考えると，先頭の数における1から始まり1に戻るまでの変化には，上の3パターンを含めて全部で5パターンあります。残りの2パターンを求め，それぞれ1→…→1（途中に1を含まない）の形で答えなさい。この問題は答えだけを書いてください。 （整理技能）

		※解法の過程を記述してください。
1	（1）	
	（2）	
2	（3）	※解法の過程を記述してください。

※自分が受検する階級の解答用紙であるか確認してください。太わくの部分は必ず記入してください。

ここに2次検定用のバーコードシールを貼ってください。

ふりがな			受検番号
姓		名	－
生年月日	大正 昭和 平成 西暦	年 月	日 生
性 別（□をぬりつぶしてください）男□ 女□		年 齢	歳
住 所	□□□－□□□□		／10

公益財団法人 **日本数学検定協会**

3	(4)	
4	(5)	
	(6)	※解法の過程を記述してください。
5	(7)	※解法の過程を記述してください。

第3回

	(8)	
6	(9)	※解法の過程を記述してください。
7	(10)	

公益財団法人 日本数学検定協会

準2級

1次：計算技能検定

数学検定

実用数学技能検定®

[文部科学省後援 ※対象:1〜11級]

第4回 〔検定時間〕50分

検定上の注意

1. 自分が受検する階級の問題用紙であるか確認してください。
2. 検定開始の合図があるまで問題用紙を開かないでください。
3. この表紙の右下の欄に，氏名・受検番号を書いてください。
4. 解答用紙の氏名・受検番号・生年月日の記入欄は，もれのないように書いてください。
5. 解答用紙には答えだけを書いてください。
6. 答えが分数になるとき，約分してもっとも簡単な分数にしてください。
7. 答えに根号が含まれるとき，根号の中の数はもっとも小さい正の整数にしてください。
8. 電卓・ものさし・コンパスを使用することはできません。
9. 携帯電話は電源を切り，検定中に使用しないでください。
10. 問題用紙に乱丁・落丁がありましたら検定監督官に申し出てください。
11. 出題内容に関する事項を当協会の許可なくインターネットなどの不特定多数が閲覧できるような所に掲載することを固く禁じます。
12. 検定終了後，この問題用紙は解答用紙と一緒に回収します。必ず検定監督官に提出してください。

下記の「個人情報の取り扱い」についてご同意いただいたうえでご提出ください。

【このフォームでお預かりするすべての個人情報の取り扱いについて】

1. 事業者の名称　　公益財団法人日本数学検定協会
2. 個人情報保護管理者の職名，所属および連絡先
   管理者職名＝個人情報保護管理者
   所属部署＝事務局　事務局次長　　連絡先＝03-5812-8340
3. 個人情報の利用目的　　受検者情報の管理，採点，本人確認のため。
4. 個人情報の第三者への提供　　団体窓口経由でお申し込みの場合は，検定結果を通知するために，申し込み情報，氏名，受検階級，成績を，Webでのお知らせまたはFAX，送付，電子メール添付などにより，お申し込みもとの団体様に提供します。その他法令に定める特別な場合を除いて，ご本人様の同意なく第三者へ開示・提供いたしません。
5. 個人情報取り扱いの委託　　前項利用目的の範囲に限って個人情報を外部に委託することがあります。
6. 個人情報の開示等の請求　　ご本人様はご自身の個人情報の開示等に関して，下記の当協会お問い合わせ窓口に申し出ることができます。その際，当協会はご本人様を確認させていただいたうえで，合理的な対応を期間内にいたします。

【問い合わせ窓口】
公益財団法人日本数学検定協会　検定問い合わせ係
〒110-0005 東京都台東区上野 5-1-1 文昌堂ビル6階
TEL：03-5812-8340 電話問い合わせ時間 月〜金 10:00-16:00
（祝日・年末年始・当協会の休業日を除く）

7. 個人情報を提供されることの任意性について
ご本人様が当協会に個人情報を提供されるかどうかは任意によるものです。ただし正しい情報をいただけない場合，適切な対応ができない場合があります。

氏 名	
受検番号	－

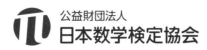

公益財団法人
日本数学検定協会

〔準2級〕　　1次：計算技能検定

1　次の問いに答えなさい。

（1）　次の式を展開して計算しなさい。

$$(2x-5)(4x+3)+7(x+1)^2$$

（2）　次の式を因数分解しなさい。

$$a^2-a-2$$

（3）　次の計算をしなさい。答えが分数になるときは，分母を有理化して答えなさい。

$$\frac{4}{\sqrt{12}}-\frac{5}{\sqrt{27}}$$

（4）　次の方程式を解きなさい。

$$(x-1)^2 = 12$$

（5）　y は x の2乗に比例し，$x=3$ のとき $y=-6$ です。このとき，y を x を用いて表しなさい。

2 次の問いに答えなさい。

（6） 右の図のように，４点A，B，C，Dが１つの円
の周上にあります。線分ACとBDの交点をEとし，
∠BAC＝39°，∠BEC＝110°であるとき，
∠ACDの大きさを求めなさい。

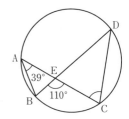

（7） 横の長さが４cm，対角線の長さが７cmである長方形の縦の長さを求めなさい。

（8） 次の式を展開して計算しなさい。

$$(a^2 - a + 2)^2$$

（9）　次の式を因数分解しなさい。

$$3\,a^2 - ab - 2\,b^2$$

第4回

（10）　次の計算をしなさい。

$$\frac{5}{\sqrt{11} + 4} + \sqrt{11}$$

3　次の問いに答えなさい。

(11)　放物線 $y = x^2 - 6x + 14$ の頂点の座標を求めなさい。

(12)　次の2次不等式を解きなさい。

$$x^2 - 6x + 5 \geqq 0$$

(13)　2進法で表された数 $111001_{(2)}$ を10進法で表しなさい。

(14)　0°＜θ＜90°で cos θ ＝ $\dfrac{1}{9}$ のとき，次の問いに答えなさい。

①　sin θ の値を求めなさい。

②　tan θ の値を求めなさい。

第4回

(15)　次の問いに答えなさい。

①　${}_{12}\mathrm{P}_3$ の値を求めなさい。

②　${}_{12}\mathrm{C}_3$ の値を求めなさい。

1	（1）	
	（2）	
	（3）	
	（4）	
	（5）	
2	（6）	
	（7）	
	（8）	
	（9）	
	（10）	

※自分が受検する階級の解答用紙であるか確認してください。太わくの部分は必ず記入してください。

ここに1次検定用のバーコードシールを貼ってください。

ふりがな		受検番号
姓	名	—

生年月日	大正 昭和 平成 西暦	年 月 日生

性別（□をぬりつぶしてください）男□ 女□　　年齢　　歳

住所　□□□-□□□□

／15

公益財団法人 **日本数学検定協会**

76

3

(11)

(12)

(13)

(14) ① ②

(15) ① ②

第4回

····················· Memo ························

準2級

2次：数理技能検定

数学検定

実用数学技能検定®

[文部科学省後援 ※対象:1〜11級]

─────── 検定上の注意 ───────

1. 自分が受検する階級の問題用紙であるか確認してください。

2. 検定開始の合図があるまで問題用紙を開かないでください。

3. この表紙の右下の欄に，氏名・受検番号を書いてください。

4. 解答用紙の氏名・受検番号・生年月日の記入欄は，もれのないように書いてください。

5. 解答は必ず解答用紙（裏面にもあります）に書き，解法の過程がわかるように記述してください。ただし，「答えだけを書いてください」と指示されている問題は答えだけを書いてください。

6. 答えが分数になるとき，約分してもっとも簡単な分数にしてください。

7. 答えに根号が含まれるとき，根号の中の数はもっとも小さい正の整数にしてください。

8. 電卓を使用することができます。

9. 携帯電話は電源を切り，検定中に使用しないでください。

10. 問題用紙に乱丁・落丁がありましたら検定監督官に申し出てください。

11. 出題内容に関する事項を当協会の許可なくインターネットなどの不特定多数が閲覧できるような所に掲載することを固く禁じます。

12. 検定終了後，この問題用紙は解答用紙と一緒に回収します。必ず検定監督官に提出してください。

下記の「個人情報の取り扱い」についてご同意いただいたうえでご提出ください。

【このフォームでお預かりするすべての個人情報の取り扱いについて】

1. 事業者の名称　　公益財団法人日本数学検定協会

2. 個人情報保護管理者の職名，所属および連絡先
管理者職名=個人情報保護管理者
所属部署=事務局　事務局次長　　連絡先=03-5812-8340

3. 個人情報の利用目的　　受検者情報の管理，採点，本人確認のため。

4. 個人情報の第三者への提供　　団体窓口経由でお申し込みの場合は，検定結果を通知するために，申し込み情報，氏名，受検階級，成績を，Webでのお知らせまたはFAX，送付，電子メール添付などにより，お申し込みもとの団体様に提供します。その他法令に定める特別な場合を除いて，ご本人様の同意なく第三者へ開示・提供いたしません。

5. 個人情報取り扱いの委託　　前項利用目的の範囲に限って個人情報を外部に委託することがあります。

6. 個人情報の開示等の請求　　ご本人様はご自身の個人情報の開示等に関して，下記の当協会お問い合わせ窓口に申し出ることができます。その際，当協会はご本人様を確認させていただいたうえで，合理的な対応を期間内にいたします。

【問い合わせ窓口】
公益財団法人日本数学検定協会　検定問い合わせ係
〒110-0005 東京都台東区上野5-1-1 文昌堂ビル6階
TEL：03-5812-8340 電話問い合わせ時間 月〜金 10:00-16:00
（祝日・年末年始・当協会の休業日を除く）

7. 個人情報を提供されることの任意性について
ご本人様が当協会に個人情報を提供されるかどうかは任意によるものです。ただし正しい情報をいただけない場合，適切な対応ができない場合があります。

氏　名	
受検番号	―

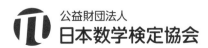

公益財団法人
日本数学検定協会

〔準2級〕　　2次：数理技能検定

1 △ABCの内角について，∠ABC＝2∠ACBが成り立つとき，次の問いに答えなさい。

（1）　∠ABCの二等分線と辺ACとの交点をDとするとき，△ABC∽△ADBを証明しなさい。　　　　　　　　　　　　　　　　　　　　　　　　　　　　　　（証明技能）

（2）　AB＝6cm，AC＝9cmのとき，辺BCの長さを求めなさい。この問題は答えだけを書いてください。　　　　　　　　　　　　　　　　　　　　　　　　　　　（測定技能）

2 次の問いに答えなさい。

（3） 底辺が12cm，高さが x cm の三角形を底面とし，高さが $(x+21)$ cm である三角錐があります。この三角錐の体積が260cm³ のとき，xの値を求めなさい。ただし，$x>0$ とします。

第4回

3 次の問いに答えなさい。

（4） ある工場で製造された製品9500個から200個を無作為に取り出して検査したところ，そのうち3個が不良品でした。9500個の製品の中に，不良品はおよそ何個含まれていると考えられますか。答えは一の位を四捨五入して，十の位まで求めなさい。この問題は答えだけを書いてください。 （統計技能）

4 k を正の定数とします。AB＝5k，BC＝4k，CA＝6kである△ABCについて，次の問いに答えなさい。

（5） $\cos A$ の値を求めなさい。この問題は答えだけを書いてください。 （測定技能）

（6） △ABCの面積が $30\sqrt{7}$ であるとき，（5）の結果を用いて，k の値を求めなさい。

5 次の問いに答えなさい。

（7） 比 $2:(1+\sqrt{5})$ は黄金比と呼ばれ，芸術作品などさまざまなもので見られます。
線分AB上に2点をとり，Aに近いほうから順にP，Qとします。

$$AP:PQ=AQ:AB=2:(1+\sqrt{5})$$

となるとき，$\dfrac{AP}{AB}$ の値を求めなさい。答えが分数になるときは，分母を有理化して答えなさい。

6 　　AさんとBさんが引き分けのないeスポーツの試合を続けて行います。どの試合も，
　　AさんがBさんに勝つ確率は $\dfrac{1}{4}$ で，その結果が次の試合に影響しないものとするとき，
　　次の問いに答えなさい。

（8）　4試合を終えた時点で，Aさんが4勝0敗となる確率を求めなさい。この問題は答え
　　だけを書いてください。

（9）　5試合を終えた時点で，Aさんが2勝3敗となる確率を求めなさい。

7 次の問いに答えなさい。

(10) A，B，Cを1以上9以下の整数とします。

$$A＋2＝B＋1＝C$$

を満たし，かつ差 ACAC－A^C がBBの10倍に等しくなるようなA，B，Cの組が1つだけ存在します。その組を求めなさい。ただし

　・ACACは千の位と十の位がA，百の位と一の位がCである4桁の整数
　・BBは十の位と一の位がBである2桁の整数
　・A^CはAのC乗

です。この問題は答えだけを書いてください。　　　　　　　　　　　　　　（整理技能）

1	(1)	※解法の過程を記述してください。
	(2)	
2	(3)	※解法の過程を記述してください。

※自分が受検する階級の解答用紙であるか確認してください。太わくの部分は必ず記入してください。

ここに2次検定用のバーコードシールを貼ってください。

ふりがな		受検番号
姓	名	—

生年月日 大正 昭和 平成 西暦	年 月 日生
性別(□をぬりつぶしてください)男□ 女□	年齢 歳
住所 □□□-□□□□	/10

公益財団法人 日本数学検定協会

3	(4)	
	(5)	
4	(6)	※解法の過程を記述してください。
5	(7)	※解法の過程を記述してください。

第4回

6	(8)			
	(9)	※解法の過程を記述してください。		
7	(10)	A	B	C

················· **Memo** ·······················

●執筆協力：株式会社エディット
●DTP：株式会社 千里
●装丁デザイン：星 光信（Xing Design）
●装丁イラスト：たじま なおと

●編集担当：粕川 真紀・國井 英明

実用数学技能検定　過去問題集　数学検定準2級

2023年5月2日　　初　版発行
2024年6月27日　　第2刷発行

編　　者　　公益財団法人 日本数学検定協会

発 行 者　　髙田 忍

発 行 所　　公益財団法人 日本数学検定協会
　　　　　　〒110-0005 東京都台東区上野五丁目1番1号
　　　　　　FAX 03-5812-8346
　　　　　　https://www.su-gaku.net/

発 売 所　　丸善出版株式会社
　　　　　　〒101-0051 東京都千代田区神田神保町二丁目17番
　　　　　　TEL 03-3512-3256　FAX 03-3512-3270
　　　　　　https://www.maruzen-publishing.co.jp/

印刷・製本　　倉敷印刷株式会社

ISBN978-4-86765-005-9　C0041

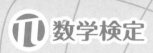
数学検定

実用数学技能検定® 数検

過去問題集 準2級

〈別冊〉
解答と解説

※本体からとりはずすこともできます。

Pre 2

公益財団法人 日本数学検定協会

1

解答

(1) $a^2 + 16b^2$　　　　(2) $(x-8)(x+3)$

(3) $4\sqrt{2}$　　　　(4) $x = -2 \pm 2\sqrt{5}$

(5) $a = -2$

解説

(1) $(a+2b)^2 - 4b(a-3b)$

$= a^2 + 4ab + 4b^2 - 4ab + 12b^2$

$= a^2 + 16b^2$

> **乗法公式**
> $(x+a)(x+b) = x^2 + (a+b)x + ab$
> $(a+b)^2 = a^2 + 2ab + b^2$
> $(a-b)^2 = a^2 - 2ab + b^2$
> $(a+b)(a-b) = a^2 - b^2$
> $(ax+b)(cx+d) = acx^2 + (ad+bc)x + bd$
> $(a+b+c)^2 = a^2 + b^2 + c^2 + 2ab + 2bc + 2ca$

(2) $x^2 - 5x - 24$

$= x^2 + (-8+3)x + (-8) \times 3$

$= (x-8)(x+3)$

> **因数分解の公式**
> $x^2 + (a+b)x + ab = (x+a)(x+b)$
> $a^2 + 2ab + b^2 = (a+b)^2$
> $a^2 - 2ab + b^2 = (a-b)^2$
> $a^2 - b^2 = (a+b)(a-b)$
> $acx^2 + (ad+bc)x + bd = (ax+b)(cx+d)$

(3) $\dfrac{6}{\sqrt{2}} + \sqrt{98} - 2\sqrt{18}$　　　　$\dfrac{6}{\sqrt{2}}$の

$= \dfrac{6 \times \sqrt{2}}{\sqrt{2} \times \sqrt{2}} + \sqrt{7^2 \times 2} - 2\sqrt{3^2 \times 2}$ ← 分母と分子に $\sqrt{2}$ をかける

$= 3\sqrt{2} + 7\sqrt{2} - 6\sqrt{2}$

$= 4\sqrt{2}$

> **平方根の性質**
> 正の数 a, b について
> $\sqrt{a^2} = a$,　$\sqrt{a} \times \sqrt{b} = \sqrt{ab}$,
> $\dfrac{\sqrt{a}}{\sqrt{b}} = \sqrt{\dfrac{a}{b}}$,　$\sqrt{a^2 b} = a\sqrt{b}$

> **分母の有理化**
> 分母に $\sqrt{}$ を含まない形に変形すること。

(4) $x^2 + 4x - 16 = 0$

$x = \dfrac{-4 \pm \sqrt{4^2 - 4 \times 1 \times (-16)}}{2 \times 1}$ ← 解の公式

$= \dfrac{-4 \pm \sqrt{80}}{2}$ 　根号の中を簡単にする

$= \dfrac{-4 \pm 4\sqrt{5}}{2}$

$= -2 \pm 2\sqrt{5}$

> **2次方程式の解の公式**
> 2次方程式 $ax^2 + bx + c = 0$ の解は
> $x = \dfrac{-b \pm \sqrt{b^2 - 4ac}}{2a}$

(5) $y = ax^2$ に $x=2$, $y=-8$ を代入して

$-8 = a \times 2^2$

$4a = -8$

$a = -2$

解答

(6) $36°$ (7) $x = 2\sqrt{13}$

(8) $a^2 + 2ab + b^2 + a + b - 2$

(9) $(x+y)(x-y)(z-1)$ (10) -12

解説

(6) 線分ABは円の直径より

$$\angle ACB = 90°$$

よって，△ABCにおいて

$$\angle CAB = 180° - (54° + 90°)$$
$$= 180° - 144°$$
$$= 36°$$

直径と円周角
半円の弧に対する円周角の大きさは$90°$

(7) 三平方の定理より

$$x^2 = 6^2 + 4^2$$
$$= 52$$

$x > 0$より

$$x = \sqrt{52} = 2\sqrt{13}$$

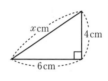

三平方の定理
直角三角形において，直角をはさむ2辺の長さをa, b, 斜辺の長さをcとすると次の式が成り立つ。
$$a^2 + b^2 = c^2$$

(8) $(a+b+2)(a+b-1)$ $a+b=X$とおく

$= (X+2)(X-1)$

$= X^2 + X - 2$ Xを$a+b$に戻す

$= (a+b)^2 + (a+b) - 2$

$= a^2 + 2ab + b^2 + a + b - 2$

(9) $x^2z - y^2z - x^2 + y^2$ 次数の低いzに着目する

$= (x^2 - y^2)z - (x^2 - y^2)$ 共通因数(x^2-y^2)でくくる

$= (x^2 - y^2)(z-1)$

$= (x+y)(x-y)(z-1)$

(10) $\dfrac{18}{\sqrt{7}+2} - 6\sqrt{7}$ $\dfrac{18}{\sqrt{7}+2}$の分母と分子に$\sqrt{7}-2$をかける

$= \dfrac{18(\sqrt{7}-2)}{(\sqrt{7}+2)(\sqrt{7}-2)} - 6\sqrt{7}$

$= \dfrac{18(\sqrt{7}-2)}{7-4} - 6\sqrt{7}$

$= 6(\sqrt{7}-2) - 6\sqrt{7}$

$= 6\sqrt{7} - 12 - 6\sqrt{7}$

$= -12$

3

解答

(11) $(3, 10)$ (12) $x \leqq \dfrac{4}{3}$

(13) 85

(14)① $-\dfrac{\sqrt{35}}{6}$ ② $-\dfrac{1}{\sqrt{35}}$

(15)① 120 ② 20

解説

(11) $y = -x^2 + 6x + 1$を平方完成すると

$$y = -x^2 + 6x + 1$$
$$= -(x^2 - 6x) + 1$$
$$= -\{(x-3)^2 - 3^2\} + 1$$
$$= -(x-3)^2 + 10$$

よって，頂点の座標は$(3, 10)$

2次関数$y = a(x-p)^2 + q$のグラフ
$y = ax^2$のグラフを，x軸方向にp, y軸方向にqだけ平行移動した放物線で，軸は直線$x = p$, 頂点は点(p, q)である。

平方完成
2次式$ax^2 + bx + c$を$a(x-p)^2 + q$の形に変形すること。

(12) $\dfrac{2x+1}{3} \leqq \dfrac{1}{6}x+1$ ——— 両辺に6をかける

$6 \cdot \dfrac{2x+1}{3} \leqq 6\left(\dfrac{1}{6}x+1\right)$ ◀———

$2(2x+1) \leqq x+6$

$4x+2 \leqq x+6$

$3x \leqq 4$

$x \leqq \dfrac{4}{3}$ ◀——— 両辺をxの係数3で割る

(13) $1010101_{(2)}$を10進法で表すと

$1010101_{(2)}$

$= 1 \times 2^6 + 0 \times 2^5 + 1 \times 2^4 + 0 \times 2^3$
$\qquad\qquad + 1 \times 2^2 + 0 \times 2^1 + 1 \times 1$

$= 64+0+16+0+4+0+1$

$= 85$

(14)① $\sin^2\theta + \cos^2\theta = 1$ より

$\cos^2\theta = 1 - \sin^2\theta$

$\qquad = 1 - \left(\dfrac{1}{6}\right)^2$

$\qquad = \dfrac{35}{36}$

$90° < \theta < 180°$ より，$\cos\theta < 0$ だから

$\cos\theta = -\dfrac{\sqrt{35}}{6}$

② $\tan\theta = \dfrac{\sin\theta}{\cos\theta}$

$\qquad = \dfrac{1}{6} \div \left(-\dfrac{\sqrt{35}}{6}\right)$

$\qquad = -\dfrac{1}{\sqrt{35}}$

(15)① ${}_6\mathrm{P}_3 = 6 \cdot 5 \cdot 4$

$\qquad = 120$

② ${}_6\mathrm{C}_3 = \dfrac{6 \cdot 5 \cdot 4}{3 \cdot 2 \cdot 1}$

$\qquad = 20$

1

解答

(1) 9cm

(2) $4\sqrt{10}$cm

解説

(1) 直角三角形ABCにおいて，三平方の定理より

$$AB^2 = AC^2 - BC^2$$
$$= (3\sqrt{13})^2 - 6^2$$
$$= 81$$

AB>0より，AB=9cm

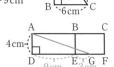

(2) 点Gは辺EFの中点だから，EG=3cm

もっとも短くなるときの糸の長さは，右上の図のような，三角柱の展開図の一部における線分AGの長さに等しい。

求める糸の長さをLとおくと，(1)より

$$DG = 9 + 3 = 12 \text{(cm)}$$

となるので，直角三角形ADGにおいて三平方の定理より

$$L = \sqrt{4^2 + 12^2}$$
$$= \sqrt{16 + 144}$$
$$= 4\sqrt{10} \text{(cm)}$$

よって，求める糸の長さは$4\sqrt{10}$cm

2

解答

(3) 解説参照

解説

(3) 差が3となる整数の組は，n，$n+3$と表せる。

大きいほうの数の2乗から小さいほうの数の2乗をひいた差は

$$(n+3)^2 - n^2 = n^2 + 6n + 9 - n^2$$
$$= 6n + 9$$
$$= 3(2n+3)$$

ここで，$2n+3$は整数だから，$3(2n+3)$は3の倍数である。

よって，2人の予想は正しい。

3

解答

(4) $n = 6$，12，16，18

解説

(4) $\sqrt{73-4n}$が整数となるためには，$\sqrt{}$の中の数$73-4n$が正の整数の2乗になればよい。73が奇数で$4n$が偶数より，$73-4n$は奇数であるから

$$73 - 4n = 1^2,\ 3^2,\ 5^2,\ 7^2$$

となればよい。

$73-4n=1$のとき，$n=18$

$73-4n=9$のとき，$n=16$

$73-4n=25$のとき，$n=12$

$73-4n=49$のとき，$n=6$

したがって，$n=6$，12，16，18

4

解答

(5) $x=4$

(6) $a<6$，$10<a$

解説

(5) $x^2 + (2-a)x + 3a - 14 = 0$に$a=10$を代入すると

$$x^2 - 8x + 16 = 0$$
$$(x-4)^2 = 0$$
$$x = 4$$

(6) x の 2 次方程式
$$x^2 + (2-a)x + 3a - 14 = 0 \quad \cdots ①$$
の判別式を D とする。①が異なる 2 つの実数解をもつから $D>0$ である。

ここで
$$\begin{aligned} D &= (2-a)^2 - 4 \cdot 1 \cdot (3a-14) \\ &= a^2 - 16a + 60 \end{aligned}$$
より
$$\begin{aligned} &a^2 - 16a + 60 > 0 \\ &(a-6)(a-10) > 0 \\ &a < 6, \ 10 < a \end{aligned}$$

---

2 次方程式の実数解の個数

2 次方程式 $ax^2 + bx + c = 0$ の判別式において,$D = b^2 - 4ac$ を判別式といい,判別式と実数解の個数について,次のことが成り立つ。

① $D > 0 \Leftrightarrow$ 異なる 2 つの実数解をもつ
② $D = 0 \Leftrightarrow$ ただ 1 つの実数解（重解）をもつ
③ $D < 0 \Leftrightarrow$ 実数解をもたない

---

2 次不等式の解

2 次方程式 $ax^2 + bx + c = 0 \, (a>0)$ が異なる 2 つの解 $\alpha, \ \beta \, (\alpha < \beta)$ をもつとき
$$ax^2 + bx + c = a(x-\alpha)(x-\beta)$$
と表せる。

$a(x-\alpha)(x-\beta) > 0$ の解は,$x < \alpha, \ \beta < x$
$a(x-\alpha)(x-\beta) \geqq 0$ の解は,$x \leqq \alpha, \ \beta \leqq x$
$a(x-\alpha)(x-\beta) < 0$ の解は,$\alpha < x < \beta$
$a(x-\alpha)(x-\beta) \leqq 0$ の解は,$\alpha \leqq x \leqq \beta$

解答

(7) $\dfrac{665}{729}$

解説

(7) 出た目の数の積が 3 の倍数になるのは,3 の倍数の目が少なくとも 1 回出る場合である。
よって,「3 の倍数の目が少なくとも 1 回出る」事象は「3 の倍数の目が 1 回も出ない」事象 A の余事象 $\overline{A}$ である。

3 の倍数以外の目は,1,2,4,5 の 4 つであるから
$$\begin{aligned} P(A) &= \left(\frac{4}{6}\right)^6 \\ &= \frac{64}{729} \end{aligned}$$
よって,求める確率は
$$\begin{aligned} P(\overline{A}) &= 1 - P(A) \\ &= 1 - \frac{64}{729} \\ &= \frac{665}{729} \end{aligned}$$

余事象

全事象 U の中の事象 A に対して,A が起こらないという事象を A の余事象といい,$\overline{A}$ で表す。

余事象の確率

事象 A と余事象 $\overline{A}$ は互いに排反であるから,次の式が成り立つ。
$$P(\overline{A}) = 1 - P(A)$$

別の解き方

3 の倍数の目が出る確率は $\dfrac{2}{6} = \dfrac{1}{3}$,3 の倍数以外の目が出る確率は $\dfrac{4}{6} = \dfrac{2}{3}$ である。

3 の倍数の目がちょうど 1 回,2 回,3 回,4 回,5 回,6 回出る場合を考えて確率を計算すると
$$\begin{aligned} &{}_6C_1\left(\frac{1}{3}\right)\left(\frac{2}{3}\right)^5 + {}_6C_2\left(\frac{1}{3}\right)^2\left(\frac{2}{3}\right)^4 + {}_6C_3\left(\frac{1}{3}\right)^3\left(\frac{2}{3}\right)^3 \\ &+ {}_6C_4\left(\frac{1}{3}\right)^4\left(\frac{2}{3}\right)^2 + {}_6C_5\left(\frac{1}{3}\right)^5\left(\frac{2}{3}\right) + {}_6C_6\left(\frac{1}{3}\right)^6 \\ &= \frac{192}{729} + \frac{240}{729} + \frac{160}{729} + \frac{60}{729} + \frac{12}{729} + \frac{1}{729} \\ &= \frac{665}{729} \end{aligned}$$

解答

(8) $BC = \sqrt{37}$

(9) $3\sqrt{21}$

解説

(8) △ABCにおいて，余弦定理より

$$BC^2 = CA^2 + AB^2 - 2 \cdot CA \cdot AB \cdot \cos A$$
$$= 5^2 + 6^2 - 2 \cdot 5 \cdot 6 \cdot \frac{2}{5}$$
$$= 25 + 36 - 24$$
$$= 37$$

$BC > 0$ より，$BC = \sqrt{37}$

余弦定理

△ABCにおいて，次の等式が成り立つ。

$$a^2 = b^2 + c^2 - 2bc \cos A$$
$$b^2 = c^2 + a^2 - 2ca \cos B$$
$$c^2 = a^2 + b^2 - 2ab \cos C$$

$\cos A$, $\cos B$, $\cos C$について解くと次の等式になる。

$$\cos A = \frac{b^2 + c^2 - a^2}{2bc}$$
$$\cos B = \frac{c^2 + a^2 - b^2}{2ca}$$
$$\cos C = \frac{a^2 + b^2 - c^2}{2ab}$$

---

(9) $\sin^2 A + \cos^2 A = 1$ より

$$\sin^2 A = 1 - \cos^2 A = 1 - \left(\frac{2}{5}\right)^2 = \frac{21}{25}$$

$\sin A > 0$ より，$\sin A = \frac{\sqrt{21}}{5}$

$$△ABC = \frac{1}{2} \cdot CA \cdot AB \cdot \sin A$$
$$= \frac{1}{2} \cdot 5 \cdot 6 \cdot \frac{\sqrt{21}}{5}$$
$$= 3\sqrt{21}$$

三角形の面積

△ABCの面積をSとすると

$$S = \frac{1}{2}bc \sin A = \frac{1}{2}ca \sin B = \frac{1}{2}ab \sin C$$

解答

(10) 61，107，153

解説

(10) 2，4，6の偶数3つと，1，3，5の奇数3つの計6つの数から異なる4つの数を選ぶので，数の選び方は

　　偶数3つ，奇数1つ
　　偶数2つ，奇数2つ
　　偶数1つ，奇数3つ

の場合がある。

(i) 偶数3つ，奇数1つを選ぶとき

　　3面に書かれた数の4つの積はすべて偶数となるため，それらの和であるPも偶数となる。

(ii) 偶数2つ，奇数2つを選ぶとき

　　3面に書かれた数の4つの積はすべて偶数となるため，それらの和であるPも偶数となる。

(iii) 偶数1つ，奇数3つを選ぶとき

　　3面に書かれた数の4つの積は，偶数が3つ，奇数が1つであるから，それらの和であるPは奇数となり条件を満たす。

　よって，Pが奇数の値をとるには，偶数1つ，奇数3つを選べばよい。

　1，2，3，5を選ぶとき

$$P = 1 \cdot 2 \cdot 3 + 1 \cdot 2 \cdot 5 + 1 \cdot 3 \cdot 5 + 2 \cdot 3 \cdot 5$$
$$= 6 + 10 + 15 + 30$$
$$= 61$$

　1，3，4，5を選ぶとき

$$P = 1 \cdot 3 \cdot 4 + 1 \cdot 3 \cdot 5 + 1 \cdot 4 \cdot 5 + 3 \cdot 4 \cdot 5$$
$$= 12 + 15 + 20 + 60$$
$$= 107$$

　1，3，5，6を選ぶとき

$$P = 1 \cdot 3 \cdot 5 + 1 \cdot 3 \cdot 6 + 1 \cdot 5 \cdot 6 + 3 \cdot 5 \cdot 6$$
$$= 15 + 18 + 30 + 90$$
$$= 153$$

以上より，$P = 61$，107，153

1

解答

(1) $-8a^2$

(2) $(9a+7b)(9a-7b)$

(3) 180

(4) $x=1\pm4\sqrt{2}$

(5) $a=\dfrac{5}{3}$

解説

(1) $(a+3)^2-(3a+1)^2-8$

$=a^2+6a+9-(9a^2+6a+1)-8$

$=-8a^2$

> **乗法公式**
> $(x+a)(x+b)=x^2+(a+b)x+ab$
> $(a+b)^2=a^2+2ab+b^2$
> $(a-b)^2=a^2-2ab+b^2$
> $(a+b)(a-b)=a^2-b^2$
> $(ax+b)(cx+d)=acx^2+(ad+bc)x+bd$
> $(a+b+c)^2=a^2+b^2+c^2+2ab+2bc+2ca$

(2) $81a^2-49b^2$

$=(9a)^2-(7b)^2$

$=(9a+7b)(9a-7b)$

> **因数分解の公式**
> $x^2+(a+b)x+ab=(x+a)(x+b)$
> $a^2+2ab+b^2=(a+b)^2$
> $a^2-2ab+b^2=(a-b)^2$
> $a^2-b^2=(a+b)(a-b)$
> $acx^2+(ad+bc)x+bd=(ax+b)(cx+d)$

(3) $\sqrt{6}\times\sqrt{15}\times\sqrt{18}\times\sqrt{20}$

$=\sqrt{6}\times\sqrt{15}\times3\sqrt{2}\times2\sqrt{5}$

$=6\times\sqrt{6\times15\times2\times5}$

$=6\times\sqrt{(2\times3)\times(3\times5)\times2\times5}$

$=6\times\sqrt{2^2\times3^2\times5^2}$

$=6\times2\times3\times5$

$=180$

> **平方根の性質**
> 正の数a, bについて
> $\sqrt{a^2}=a,\ \sqrt{a}\times\sqrt{b}=\sqrt{ab},$
> $\dfrac{\sqrt{a}}{\sqrt{b}}=\sqrt{\dfrac{a}{b}},\ \sqrt{a^2b}=a\sqrt{b}$

(4) $3(x-1)^2-96=0$

$3(x-1)^2=96$

$(x-1)^2=32$

$x-1=\pm4\sqrt{2}$

$x=1\pm4\sqrt{2}$

> **平方根の考えを使った2次方程式の解き方**
> $x^2=m$の形をした2次方程式は，平方根の考え方で解くことができる。

別の解き方

$3(x-1)^2-96=0$

$(x-1)^2-32=0$

$x^2-2x+1-32=0$

$x^2-2x-31=0$

$x=\dfrac{-(-2)\pm\sqrt{(-2)^2-4\times1\times(-31)}}{2\times1}$ ← 解の公式

$=\dfrac{2\pm\sqrt{128}}{2}$

$=\dfrac{2\pm8\sqrt{2}}{2}$ ← 根号の中を簡単にする

$=1\pm4\sqrt{2}$

> **2次方程式の解の公式**
> 2次方程式$ax^2+bx+c=0$の解は
> $x=\dfrac{-b\pm\sqrt{b^2-4ac}}{2a}$

(5) $y=ax^2$に$x=3$, $y=15$を代入して

$15=a\times3^2$

$9a=15$

$a=\dfrac{5}{3}$

②

解答

(6) $x = \dfrac{40}{7}$ (7) 11cm

(8) $a^4 + 4$ (9) $(2a + 3)(2a - 1)$

(10) $\dfrac{58}{11}$

解説

(6) BC∥DEより

$$AD : AB = DE : BC$$
$$5 : (5 + 2) = x : 8$$
$$7x = 5 \times 8$$
$$x = \frac{40}{7}$$

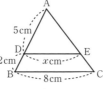

平行線と比
下の図において，DE∥BCならば，次の①，②が成り立つ。
① AD : AB = AE : AC = DE : BC
② AD : DB = AE : EC
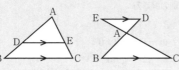

(7) 長方形の対角線の長さ
　　を x cmとすると，三平方
　　の定理より

$$x^2 = (6\sqrt{2})^2 + 7^2$$
$$= 72 + 49$$
$$= 121$$

$x > 0$より，$x = \sqrt{121} = 11$

よって，対角線の長さは11cm

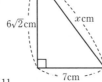

三平方の定理
直角三角形において，直角をはさむ2辺の長さを a, b, 斜辺の長さを c とすると次の式が成り立つ。 $a^2 + b^2 = c^2$

(8) $(a^2 + 2a + 2)(a^2 - 2a + 2)$ $a^2 + 2 = X$とおく

$$= (X + 2a)(X - 2a) \leftarrow$$
$$= X^2 - 4a^2 \quad Xをa^2 + 2に戻す$$
$$= (a^2 + 2)^2 - 4a^2 \leftarrow$$
$$= a^4 + 4a^2 + 4 - 4a^2$$
$$= a^4 + 4$$

(9) $4a^2 + 4a - 3$

$$= (2a + 3)(2a - 1)$$

$$\begin{array}{ccc} 2 & \diagdown & 3 \longrightarrow 6 \\ 2 & \diagup & -1 \longrightarrow -2 \\ \hline 4 & -3 & 4 \end{array}$$

(10) $x = 5.\overset{..}{2}\overset{.}{7}$とおくと

$$100x = 527.2727\cdots \quad \leftarrow 両辺を100倍する$$
$$-)x = 5.2727\cdots$$
$$\overline{99x = 522} \quad \leftarrow 循環する部分を消す$$

よって，$x = \dfrac{522}{99} = \dfrac{58}{11}$

10

3

解答

(11) $(-4, -15)$ 　　(12) $x = -14, 8$

(13) $12 : 5$

(14)① $-\dfrac{\sqrt{13}}{7}$ 　　② $-\dfrac{6\sqrt{13}}{13}$

(15)① 1680 　　② 220

解説

(11) $y = x^2 + 8x + 1$ を平方完成すると

$$y = x^2 + 8x + 1$$
$$= (x+4)^2 - 4^2 + 1$$
$$= (x+4)^2 - 15$$

よって，頂点の座標は

$(-4, -15)$

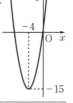

2次関数 $y = a(x-p)^2 + q$ のグラフ

$y = ax^2$ のグラフを，x軸方向にp，y軸方向に qだけ平行移動した放物線で，軸は直線 $x = p$，頂点は点(p, q)である。

平方完成

2次式 $ax^2 + bx + c$ を $a(x-p)^2 + q$ の形に変形 すること。

---

(12) $|x+3| = 11$

$x + 3 = \pm 11$

すなわち，$x + 3 = 11$ または $x + 3 = -11$

よって，$x = -14, 8$

絶対値を含む方程式・不等式

$a > 0$ のとき

方程式 $|x| = a$ の解は，$x = \pm a$

不等式 $|x| < a$ の解は，$-a < x < a$

不等式 $|x| > a$ の解は，$x < -a, \ a < x$

---

(13) △ABCにおいて，チェバの定理より

$$\dfrac{BP}{PC} \cdot \dfrac{CQ}{QA} \cdot \dfrac{AR}{RB} = 1$$

$$\dfrac{4}{5} \cdot \dfrac{CQ}{QA} \cdot \dfrac{6}{2} = 1$$

$$\dfrac{12}{5} \cdot \dfrac{CQ}{QA} = 1$$

$$\dfrac{CQ}{QA} = \dfrac{5}{12}$$

よって，AQ : QC = 12 : 5

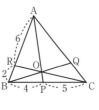

チェバの定理

△ABCの辺上にもその延 長線上にもない点Oがあ り，直線AO，BO，COと 辺BC，CA，ABまたはそ の延長との交点をそれぞ れP，Q，Rとすると，次 の等式が成り立つ。

$$\dfrac{BP}{PC} \cdot \dfrac{CQ}{QA} \cdot \dfrac{AR}{RB} = 1$$

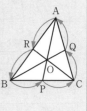

---

(14)① $\sin^2\theta + \cos^2\theta = 1$ より

$\quad\cos^2\theta = 1 - \sin^2\theta$

$\qquad = 1 - \left(\dfrac{6}{7}\right)^2$

$\qquad = \dfrac{13}{49}$

$90° < \theta < 180°$ より，$\cos\theta < 0$ だから

$\quad\cos\theta = -\dfrac{\sqrt{13}}{7}$

② $\tan\theta = \dfrac{\sin\theta}{\cos\theta}$

$\qquad = \dfrac{6}{7} \div \left(-\dfrac{\sqrt{13}}{7}\right)$

$\qquad = -\dfrac{6}{\sqrt{13}}$

$\qquad = -\dfrac{6\sqrt{13}}{13}$

三角比の相互関係

$\tan\theta = \dfrac{\sin\theta}{\cos\theta}$

$\sin^2\theta + \cos^2\theta = 1$

$1 + \tan^2\theta = \dfrac{1}{\cos^2\theta}$

---

(15)① $_8P_4 = 8 \cdot 7 \cdot 6 \cdot 5$

$\qquad = 1680$

② $_{12}C_9 = {}_{12}C_{12-9}$

$\qquad = {}_{12}C_3$

$\qquad = \dfrac{12 \cdot 11 \cdot 10}{3 \cdot 2 \cdot 1}$

$\qquad = 220$

順列

異なる n 個のものから r 個取り出し，1列に並べたものを，順列という。その総数を $_nP_r$ で表し，次の式が成り立つ。

$\quad {}_nP_r = n(n-1)(n-2)\cdots(n-r+1) = \dfrac{n!}{(n-r)!}$

ただし，$_nP_0 = 1$

$n!$ は 1 から n までの整数の積を表し，n の階乗という。

$\quad {}_nP_n = n! = n(n-1)(n-2)\cdots 3 \cdot 2 \cdot 1$

ただし，$0! = 1$

組合せ

異なる n 個のものから r 個取り出した 1 組を，組合せという。その総数を $_nC_r$ で表し，次の式が成り立つ。

$\quad {}_nC_r = \dfrac{{}_nP_r}{r!} = \dfrac{n(n-1)(n-2)\cdots(n-r+1)}{r(r-1)(r-2)\cdots 3 \cdot 2 \cdot 1} = \dfrac{n!}{r!(n-r)!}$

ただし，$_nC_0 = 1$

$_nC_r$ について，次の式が成り立つ。

① $_nC_r = {}_nC_{n-r}$

② $_nC_r = {}_{n-1}C_{r-1} + {}_{n-1}C_r$

1

解答

(1) 解説参照

(2) $\dfrac{48}{5}$ cm

解説

(1) △AOCと△ABDに
おいて，直線ACは円
Oの接線であり，点C
はその接点だから

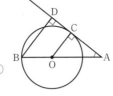

　　　∠OCA = 90° …①

仮定より

　　　∠BDA = 90° …②

①，②より

　　　∠OCA = ∠BDA …③

共通の角より

　　　∠CAO = ∠DAB …④

③，④より，2組の角がそれぞれ等しいので

　　　△AOC∽△ABD

三角形の相似条件

2つの三角形は，次の条件のうちいずれか
が成り立つとき，相似になる。

① 3組の辺の比がすべて等しい。

　　$a:d = b:e = c:f$

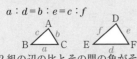

② 2組の辺の比とその間の角がそれぞれ
　等しい。

　　$a:d = c:f$, ∠B = ∠E

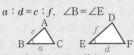

③ 2組の角がそれぞれ等しい。

　　∠B = ∠E, ∠C = ∠F

---

(2) 円Oの半径は6cmより

　　OB = OC = 6cm

　　△AOC∽△ABDより

　　AO : AB = OC : BD

　　10 : (10 + 6) = 6 : BD

　　5 : 8 = 6 : BD

　　5BD = 48

　　BD = $\dfrac{48}{5}$ cm

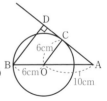

相似な図形の性質

相似な2つの図形で，対応する角の大きさは
それぞれ等しくなる。また対応する線分の長
さの比はすべて等しく，これを相似比という。

2

解答

(3) 4

解説

(3) $\sqrt{9} < \sqrt{13} < \sqrt{16}$ だから

　　$3 < \sqrt{13} < 4$

　　これより，$\sqrt{13}$ の整数部分は3であり，

$a = \sqrt{13} - 3$ となる。

　　よって

　　$a^2 + 6a = a(a + 6)$

　　　　　　　$= (\sqrt{13} - 3)(\sqrt{13} + 3)$

　　　　　　　$= (\sqrt{13})^2 - 3^2$

　　　　　　　$= 13 - 9$

　　　　　　　$= 4$

3

解答

(4) 410個

解説

(4) 不良品の数をx個とすると

$$\underline{35000} : \underline{x} = \underline{600} : \underline{7}$$
母集団の　すべての　標本の　取り出した
大きさ　不良品　大きさ　不良品

$$600x = 245000$$
$$x = 408.33\cdots$$

一の位を四捨五入すると410であるから，不良品はおよそ410個含まれていると考えられる。

標本調査の利用
標本調査の結果から，母集団の性質を推測できる。

4

解答

(5) $-\dfrac{9}{4}$

(6) $a = -4 \pm 2\sqrt{7}$

解説

(5) $y = x^2 - ax + a^2 + 6a - 9$に$a = 1$を代入して変形すると

$$y = x^2 - x - 2$$
$$= \left(x - \frac{1}{2}\right)^2 - \left(\frac{1}{2}\right)^2 - 2$$
$$= \left(x - \frac{1}{2}\right)^2 - \frac{9}{4}$$

2次関数$y = \left(x - \dfrac{1}{2}\right)^2 - \dfrac{9}{4}$のグラフは下に凸で，頂点の座標は$\left(\dfrac{1}{2},\ -\dfrac{9}{4}\right)$だから，$x = \dfrac{1}{2}$のとき最小値$-\dfrac{9}{4}$をとる。

2次関数の最小値・最大値
2次関数$y = a(x-p)^2 + q$の最小値，最大値について，定義域に制限がない場合，次のことが成り立つ。

① $a > 0$のとき，$x = p$で最小値qをとる。最大値はもたない。
② $a < 0$のとき，$x = p$で最大値qをとる。最小値はもたない。

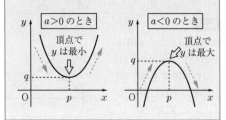

---

(6) xの2次方程式$x^2 - ax + a^2 + 6a - 9 = 0$の判別式を$D$とすると

$$D = (-a)^2 - 4 \cdot 1 \cdot (a^2 + 6a - 9)$$
$$= -3a^2 - 24a + 36$$
$$= -3(a^2 + 8a - 12)$$

2次関数のグラフがx軸と接するとき，$D = 0$より

$$a^2 + 8a - 12 = 0$$
$$a = \frac{-8 \pm \sqrt{8^2 - 4 \cdot 1 \cdot (-12)}}{2 \cdot 1}$$
$$= \frac{-8 \pm \sqrt{112}}{2}$$
$$= \frac{-8 \pm 4\sqrt{7}}{2}$$
$$= -4 \pm 2\sqrt{7}$$

2次関数のグラフとx軸の位置関係
2次関数$y = ax^2 + 6x + c$のグラフとx軸の位置関係と2次方程式$ax^2 + bx + c = 0$の判別式$D = b^2 - 4ac$について，次のことが成り立つ。

① $D > 0 \Leftrightarrow$ 異なる2点で交わる
② $D = 0 \Leftrightarrow$ 1点で接する
③ $D < 0 \Leftrightarrow$ 共有点をもたない

5

解答

(7) $\dfrac{1}{4}$

解説

(7) △ABCにおいて，余弦定理より

$$\cos A = \dfrac{\text{CA}^2 + \text{AB}^2 - \text{BC}^2}{2 \cdot \text{CA} \cdot \text{AB}}$$

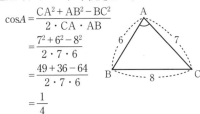

$$= \dfrac{7^2 + 6^2 - 8^2}{2 \cdot 7 \cdot 6}$$

$$= \dfrac{49 + 36 - 64}{2 \cdot 7 \cdot 6}$$

$$= \dfrac{1}{4}$$

余弦定理

△ABCにおいて，次の等式が成り立つ。

$$a^2 = b^2 + c^2 - 2bc \cos A$$
$$b^2 = c^2 + a^2 - 2ca \cos B$$
$$c^2 = a^2 + b^2 - 2ab \cos C$$

$\cos A$, $\cos B$, $\cos C$につい
て解くと次の等式になる。

$$\cos A = \dfrac{b^2 + c^2 - a^2}{2bc}$$

$$\cos B = \dfrac{c^2 + a^2 - b^2}{2ca}$$

$$\cos C = \dfrac{a^2 + b^2 - c^2}{2ab}$$

6

解答

(8) $\dfrac{1}{15}$

(9) $\dfrac{7}{18}$

解説

(8) 箱A，Bからそれぞれ1本引いたくじが当たり

くじである確率は$\dfrac{2}{9}$，$\dfrac{3}{10}$だから，求める確率は

$$\dfrac{2}{9} \cdot \dfrac{3}{10} = \dfrac{1}{15}$$

独立な試行の確率

2つの試行の結果が互いの結果に影響を及ぼ
さないとき，2つの試行は独立であるとい
う。2つの試行T_1，T_2が独立であるとき，T_1
で事象Xが起こり，T_2で事象Yが起こる確率
$P(X \cap Y)$は，次の式で求められる。

$$P(X \cap Y) = P(X) \times P(Y)$$

---

(9) 箱Aから引いたくじが当たりくじである事象
をX，箱Bから引いたくじが当たりくじである事
象をYとする。

このとき，箱A，Bから引いたくじが当たり
くじでない事象はそれぞれX，Yの余事象$\overline{X}$，$\overline{Y}$
である。

箱Aから当たりくじを引き，箱Bから当たりく
じでないくじを引く事象$X \cap \overline{Y}$が起こる確率は

$$P(X \cap \overline{Y}) = \dfrac{2}{9} \cdot \left(1 - \dfrac{3}{10}\right)$$

$$= \dfrac{2}{9} \cdot \dfrac{7}{10}$$

$$= \dfrac{14}{90}$$

箱Aから当たりくじでないくじを引き，箱Bか
ら当たりくじを引く事象$\overline{X} \cap Y$が起こる確率は

$$P(\overline{X} \cap Y) = \left(1 - \dfrac{2}{9}\right) \cdot \dfrac{3}{10}$$

$$= \dfrac{7}{9} \cdot \dfrac{3}{10}$$

$$= \dfrac{21}{90}$$

2つの事象$X \cap \overline{Y}$，$\overline{X} \cap Y$は同時には起こらな
いことから，求める確率は

$$\dfrac{14}{90} + \dfrac{21}{90} = \dfrac{35}{90}$$

$$= \dfrac{7}{18}$$

余事象

全事象Uの中の事象Aに
対して，Aが起こらない
という事象をAの余事象
といい，$\overline{A}$で表す。

余事象の確率

事象 A と余事象 $\overline{A}$ は互いに排反であるから，次の式が成り立つ。

$$P(\overline{A}) = 1 - P(A)$$

別の解き方

引いた 2 本のくじがともに当たりくじである確率は，(8)より $\dfrac{1}{15}$

引いた 2 本のくじがともに当たりくじでない確率は

$$\left(1-\frac{2}{9}\right)\cdot\left(1-\frac{3}{10}\right) = \frac{7}{9}\cdot\frac{7}{10}$$

$$= \frac{49}{90}$$

よって，求める確率は

$$1-\left(\frac{1}{15}+\frac{49}{90}\right) = 1 - \frac{11}{18}$$

$$= \frac{7}{18}$$

解答

(10)　236

解説

(10)　直方体の 1 つの頂点からのびる 3 辺の長さを a, b, c（$0 < a \leqq b \leqq c < 19$）とする。3 辺の長さの和が 19，体積が 240 より

$$a + b + c = 19$$
$$abc = 240 = 2^4 \cdot 3 \cdot 5$$

この 2 式を同時に満たす a, b, c を求めればよい。a, b, c は正の整数であるから，a, b, c はいずれも 240 の正の約数である。

a の値が小さいものから考えていくと

（ i ）　$a = 1$ のとき

$$b + c = 19 - 1 = 18$$
$$bc = 240$$

これらを同時に満たす正の整数 b, c は存在しない。

（ii）　$a = 2$ のとき

$$b + c = 19 - 2 = 17$$
$$bc = \frac{240}{2} = 120$$

これらを同時に満たす正の整数 b, c は存在しない。

（iii）　$a = 3$ のとき

$$b + c = 19 - 3 = 16$$
$$bc = \frac{240}{3} = 80$$

これらを同時に満たす正の整数 b, c は存在しない。

（iv）　$a = 2^2 = 4$ のとき

$$b + c = 19 - 4 = 15$$
$$bc = \frac{240}{4} = 60$$

これらを同時に満たす正の整数 b, c は存在しない。

（ v ）　$a = 5$ のとき

$$b + c = 19 - 5 = 14$$
$$bc = \frac{240}{5} = 48$$

$b \leqq c$ より，$(b, c) = (6, 8)$

（vi）　$a = 6$ のとき

$$b + c = 19 - 6 = 13$$
$$bc = \frac{240}{6} = 40$$

$b \leqq c$ より，$(b, c) = (5, 8)$

これは $a \leqq b \leqq c$ を満たさない。

a が 6 より大きいとき，$a \leqq b \leqq c$ を満たさない。

よって，直方体の 3 辺の長さは，5，6，8 であり，この直方体の表面積は

$$2\cdot5\cdot6 + 2\cdot6\cdot8 + 2\cdot8\cdot5 = 236$$

1

解答

(1) $3a + 2$ 　　　(2) $(a + 2b)(a + 3b)$

(3) $2\sqrt{2}$ 　　　(4) $x = 2 \pm \sqrt{5}$

(5) $y = -\dfrac{1}{2}x^2$

解説

(1) $(2a + 1)(2 - a) + 2a^2$
$= 4a - 2a^2 + 2 - a + 2a^2$
$= 3a + 2$

乗法公式

$(x + a)(x + b) = x^2 + (a + b)x + ab$
$(a + b)^2 = a^2 + 2ab + b^2$
$(a - b)^2 = a^2 - 2ab + b^2$
$(a + b)(a - b) = a^2 - b^2$
$(ax + b)(cx + d) = acx^2 + (ad + bc)x + bd$
$(a + b + c)^2 = a^2 + b^2 + c^2 + 2ab + 2bc + 2ca$

(2) $a^2 + 5ab + 6b^2$
$= a^2 + (2b + 3b)a + 2b \times 3b$
$= (a + 2b)(a + 3b)$

因数分解の公式

$x^2 + (a + b)x + ab = (x + a)(x + b)$
$a^2 + 2ab + b^2 = (a + b)^2$
$a^2 - 2ab + b^2 = (a - b)^2$
$a^2 - b^2 = (a + b)(a - b)$
$acx^2 + (ad + bc)x + bd = (ax + b)(cx + d)$

(3) $\dfrac{2}{\sqrt{8}} + \dfrac{3}{\sqrt{2}}$
$= \dfrac{2}{2\sqrt{2}} + \dfrac{3}{\sqrt{2}}$
$= \dfrac{1}{\sqrt{2}} + \dfrac{3}{\sqrt{2}}$
$= \dfrac{4}{\sqrt{2}}$ 　← 分母と分子に $\sqrt{2}$ をかける
$= \dfrac{4 \times \sqrt{2}}{\sqrt{2} \times \sqrt{2}}$
$= 2\sqrt{2}$

平方根の性質

正の数 a, b について
$\sqrt{a^2} = a$, 　$\sqrt{a} \times \sqrt{b} = \sqrt{ab}$,
$\dfrac{\sqrt{a}}{\sqrt{b}} = \sqrt{\dfrac{a}{b}}$, 　$\sqrt{a^2 b} = a\sqrt{b}$

分母の有理化

分母に $\sqrt{}$ を含まない形に変形すること。

(4) $x^2 - 4x - 1 = 0$
$x = \dfrac{-(-4) \pm \sqrt{(-4)^2 - 4 \times 1 \times (-1)}}{2 \times 1}$ 　← 解の公式
$= \dfrac{4 \pm \sqrt{20}}{2}$ 　← 根号の中を簡単にする
$= \dfrac{4 \pm 2\sqrt{5}}{2}$
$= 2 \pm \sqrt{5}$

2次方程式の解の公式

2次方程式 $ax^2 + bx + c = 0$ の解は
$x = \dfrac{-b \pm \sqrt{b^2 - 4ac}}{2a}$

(5) y は x の 2 乗に比例するので，$y = ax^2$ とおける。

$y = ax^2$ に $x = -4$，$y = -8$ を代入して

$$-8 = a \times (-4)^2$$
$$16a = -8$$
$$a = -\frac{1}{2}$$

よって，$y = -\frac{1}{2}x^2$

解答

(6) $x = \dfrac{10}{3}$ (7) $x = 3\sqrt{5}$

(8) $a^4 - 17a^2 + 16$ (9) $(a - 3b)(2a + b)$

(10) $19 + 6\sqrt{10}$

解説

(6) AB∥CDより

EA : ED = EB : EC

2 : x = 3 : 5

$3x = 10$

$x = \dfrac{10}{3}$

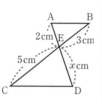

平行線と比

下の図において，DE∥BCならば，次の①，②が成り立つ。

① AD : AB = AE : AC = DE : BC

② AD : DB = AE : EC

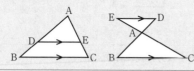

(7) 三平方の定理より

$$x^2 = 6^2 + 3^2$$
$$= 45$$

$x > 0$ より，$x = \sqrt{45} = 3\sqrt{5}$

三平方の定理

直角三角形において，直角をはさむ2辺の長さを a，b，斜辺の長さを c とすると次の式が成り立つ。

$$a^2 + b^2 = c^2$$

(8) $(a + 1)(a - 1)(a + 4)(a - 4)$

$= (a^2 - 1)(a^2 - 16)$

$= a^4 - 17a^2 + 16$

(9) $2a^2 - 5ab - 3b^2$

$= (a - 3b)(2a + b)$

1	╲	-3	→	-6
2	╱	1	→	1
2		-3		-5

(10) $\dfrac{2\sqrt{5} + 3\sqrt{2}}{2\sqrt{5} - 3\sqrt{2}}$ ← 分母と分子に $2\sqrt{5} + 3\sqrt{2}$ をかける

$= \dfrac{(2\sqrt{5} + 3\sqrt{2})^2}{(2\sqrt{5} - 3\sqrt{2})(2\sqrt{5} + 3\sqrt{2})}$

$= \dfrac{20 + 2 \cdot 2\sqrt{5} \cdot 3\sqrt{2} + 18}{20 - 18}$

$= \dfrac{38 + 12\sqrt{10}}{2}$

$= 19 + 6\sqrt{10}$

3

解答

(11) $(-3, -4)$ (12) $-2 \leqq x \leqq 9$

(13) $x = \dfrac{15}{2}$

(14)① $-\dfrac{\sqrt{5}}{3}$ ② $-\dfrac{2\sqrt{5}}{5}$

(15)① 24   ② 28

解説

(11) $y = x^2 + 6x + 5$ を平方完成すると

$$y = x^2 + 6x + 5$$
$$= (x+3)^2 - 3^2 + 5$$
$$= (x+3)^2 - 4$$

よって，頂点の座標は

$(-3, -4)$

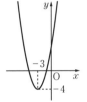

2次関数 $y = a(x-p)^2 + q$ のグラフ

$y = ax^2$ のグラフを，x軸方向にp，y軸方向に qだけ平行移動した放物線で，軸は直線 $x = p$，頂点は点(p, q)である。

平方完成

2次式 $ax^2 + bx + c$ を $a(x-p)^2 + q$ の形に変形すること。

---

(12) $x^2 - 7x - 18 \leqq 0$
　　$(x+2)(x-9) \leqq 0$
　　$-2 \leqq x \leqq 9$

2次不等式の解

2次方程式 $ax^2 + bx + c = 0 (a > 0)$ が異なる 2つの解α，$\beta(\alpha < \beta)$ をもつとき

$ax^2 + bx + c = a(x-\alpha)(x-\beta)$

と表せる。

　$a(x-\alpha)(x-\beta) > 0$の解は，$x < \alpha$，$\beta < x$
　$a(x-\alpha)(x-\beta) \geqq 0$の解は，$x \leqq \alpha$，$\beta \leqq x$
　$a(x-\alpha)(x-\beta) < 0$の解は，$\alpha < x < \beta$
　$a(x-\alpha)(x-\beta) \leqq 0$の解は，$\alpha \leqq x \leqq \beta$

---

(13) 方べきの定理より

$$9 \cdot 5 = x \cdot 6$$
$$6x = 45$$
$$x = \dfrac{15}{2}$$

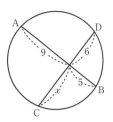

方べきの定理

点Pを通る2直線と円の交点について，次の ①，②が成り立つ。

① 円の2つの弦AB，CDの交点，またはそ れらの延長の交点をPとすると

　PA・PB = PC・PD

② 点Pを通る2直線の 一方が円と2点A，B で交わり，他方が点T で接するとき

　PA・PB = PT²

---

(14)① $\sin^2\theta + \cos^2\theta = 1$ より

$$\cos^2\theta = 1 - \sin^2\theta$$
$$= 1 - \left(\frac{2}{3}\right)^2$$
$$= \frac{5}{9}$$

$90° < \theta < 180°$ より，$\cos\theta < 0$だから

$$\cos\theta = -\frac{\sqrt{5}}{3}$$

② $\tan\theta = \dfrac{\sin\theta}{\cos\theta}$

$$= \frac{2}{3} \div \left(-\frac{\sqrt{5}}{3}\right)$$
$$= -\frac{2}{\sqrt{5}}$$
$$= -\frac{2\sqrt{5}}{5}$$

三角比の相互関係

$$\tan\theta = \frac{\sin\theta}{\cos\theta}$$
$$\sin^2\theta + \cos^2\theta = 1$$
$$1 + \tan^2\theta = \frac{1}{\cos^2\theta}$$

(15)① $4! = 4 \cdot 3 \cdot 2 \cdot 1$

$$= 24$$

② $\dfrac{8!}{2!\,6!} = \dfrac{8 \cdot 7 \cdot 6 \cdot 5 \cdot 4 \cdot 3 \cdot 2 \cdot 1}{2 \cdot 1 \cdot 6 \cdot 5 \cdot 4 \cdot 3 \cdot 2 \cdot 1}$

$$= \frac{8 \cdot 7}{2 \cdot 1}$$
$$= 28$$

順列

異なるn個のものからr個取り出し，1列に並べたものを，順列という。その総数を$_n\mathrm{P}_r$で表し，次の式が成り立つ。

$$_n\mathrm{P}_r = n(n-1)(n-2)\cdots(n-r+1) = \frac{n!}{(n-r)!}$$

ただし，$_n\mathrm{P}_0 = 1$

$n!$は1からnまでの整数の積を表し，nの階乗という。

$$_n\mathrm{P}_n = n! = n(n-1)(n-2)\cdots \cdot 3 \cdot 2 \cdot 1$$

ただし，$0! = 1$

1

解答

(1) $\dfrac{9}{2}$ cm

(2) $\dfrac{14}{3}$ cm

解説

(1) △AEF∽△CBFより

　　AE：CB＝AF：CF …①

　　ここで，△EAC≡△DBC

　　より

　　EA＝DB＝2cm

　　また，△ABCは１辺が

6cmの正三角形より

　　BC＝CA＝6cm

　　したがって，①より

　　AF：CF＝AE：CB＝2：6＝1：3

　　よって

$$CF = \frac{3}{1+3} \times CA$$

$$= \frac{3}{4} \times 6$$

$$= \frac{9}{2} \text{(cm)}$$

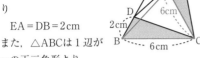

> **相似な図形の性質**
> 相似な２つの図形で，対応する角の大きさは
> それぞれ等しくなる。また対応する線分の長
> さの比はすべて等しく，これを相似比という。

別の解き方

　　△AEF∽△CBFより

　　AF：CF＝AE：CB

　　　　　　　＝2：6

　　　　　　　＝1：3

　　CF＝xcmとおくと

　　AF＝AC−CF＝6−x

であるから

$(6-x) : x = 1 : 3$

$18 - 3x = x$

$4x = 18$

$x = \dfrac{9}{2}$

よって，CF＝$\dfrac{9}{2}$cm

(2) △EAC≡△DBCより

　　EC＝DC …①

　　∠ECA＝∠DCB …②

　　ここで，②および△ABCは正三角形より

　　∠ECD＝∠ECA＋∠ACD

　　　　　＝∠DCB＋∠ACD

　　　　　＝∠ACB＝60° …③

　　①，③より，△EDCは正三角形である。

　　△ADGと△BCDにおいて

　　∠DAG＝∠CBD（＝60°） …④

　　三角形の内角と外角の性質より

　　∠AGD＝∠GCD＋∠GDC＝∠GCD＋60°

　　∠BDC＝∠ACD＋∠DAC＝∠GCD＋60°

　　よって

　　∠AGD＝∠BDC …⑤

　　④，⑤より，２組の角が

それぞれ等しいから

　　△ADG∽△BCD

　　相似な三角形の対応する

辺の比は等しいことと

AD＝AB−DB＝6−2＝4(cm)より

　　AD：BC＝AG：BD

　　4：6＝AG：2

　　6AG＝8

　　AG＝$\dfrac{4}{3}$cm

　　よって

CG＝AC−AG＝6−$\dfrac{4}{3}$＝$\dfrac{14}{3}$(cm)

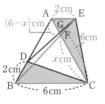

三角形の相似条件

2つの三角形は、次の条件のうちいずれかが成り立つとき、相似になる。

① 3組の辺の比がすべて等しい。

$$a:d=b:e=c:f$$

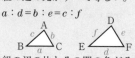

② 2組の辺の比とその間の角がそれぞれ等しい。

$$a:d=c:f,\ \angle B = \angle E$$

③ 2組の角がそれぞれ等しい。

$$\angle B = \angle E,\ \angle C = \angle F$$

別の解き方

辺BC上に点Hを、∠BHD=90°になるようにとると、∠DBH=60°だから、△DBHは、90°、60°、30°の直角三角形で DB=2cmよりBH=1cm、DH=$\sqrt{3}$cmとわかる。

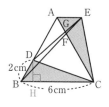

直角三角形DHCについて、三平方の定理より

$$CD^2 = DH^2 + CH^2$$
$$= (\sqrt{3})^2 + (6-1)^2$$
$$= 28$$

CD>0より、CD=$2\sqrt{7}$cm
△DBC≡△EACだから

$$CD = CE \quad \cdots ①$$

また

$$\angle DCE = \angle DCA + \angle ACE$$
$$= \angle DCA + \angle BCD$$
$$= \angle BCA = 60° \quad \cdots ②$$

①、②より、△CDEは正三角形である。

△ACDと△DCGにおいて、共通な角だから

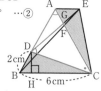

$$\angle ACD = \angle DCG \quad \cdots ③$$

△ABCと△CDEは正三角形だから

$$\angle CAD = \angle CDG(=60°) \quad \cdots ④$$

③、④より、2組の角がそれぞれ等しいから、△ACD∽△DCGとなるので

$$AC : DC = CD : CG$$
$$6 : 2\sqrt{7} = 2\sqrt{7} : CG$$
$$6CG = 28$$
$$CG = \frac{28}{6} = \frac{14}{3}(cm)$$

特別な三角形の3辺の長さの比

3つの角が90°、45°、45°である直角三角形と、90°、60°、30°である直角三角形の3辺の長さの比は、それぞれ下の図のようになる。

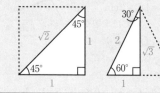

2

解答

(3) $x=3$

解説

(3) AB=$x$cmより、BC=$2x$cmである。

直方体ABCD-EFGHの表面積は

$$2 \times (x \times 2x + x \times 8 + 2x \times 8)$$
$$= 4x^2 + 48x(cm^2)$$

これが180cm²に等しいから

$$4x^2 + 48x = 180$$
$$x^2 + 12x - 45 = 0$$
$$(x+15)(x-3) = 0$$
$$x = -15,\ 3$$

$x>0$より、$x=3$

> **因数分解を使った2次方程式の解き方**
> 2つの数や式について，「$AB=0$ ならば $A=0$ または $B=0$」が成り立つ。これを用いて，2次方程式を解くことができる。

3

解答

(4)　$n=3,\ 12,\ 27,\ 108$

解説

(4)　$\sqrt{\dfrac{108}{n}}$ が整数となるためには，$\sqrt{}$ の中の数 $\dfrac{108}{n}$

　が正の整数の2乗となればよい。$108=2^2\times3^3$ で

　あるから

$$\frac{108}{n}=1^2,\ 2^2,\ 3^2,\ 6^2$$

　となればよい。

　　$\dfrac{108}{n}=1$ のとき，$n=108$

　　$\dfrac{108}{n}=4$ のとき，$n=27$

　　$\dfrac{108}{n}=9$ のとき，$n=12$

　　$\dfrac{108}{n}=36$ のとき，$n=3$

　したがって，$n=3,\ 12,\ 27,\ 108$

4

解答

(5)　正

(6)　負

解説

(5)　$y=ax^2+bx+c$ に $x=0$
　を代入すると $y=c$ だから，
　点Aの座標は $(0,\ c)$ であ
　る。点Aの y 座標が正で
　あるから c の符号は正で
　ある。

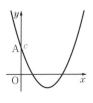

(6)　与えられた2次関数の
　式を平方完成すると
$$
\begin{aligned}
y&=ax^2+bx+c\\
&=a\left(x+\frac{b}{2a}\right)^2-\frac{b^2-4ac}{4a}
\end{aligned}
$$

　よって，グラフの頂点の x 座標は，$-\dfrac{b}{2a}$

　条件より，これが正だから，$-\dfrac{b}{2a}>0$ …①

　一方，グラフは下に凸だから，$a>0$ …②

　①，②より，$b<0$ すなわち，b の符号は負で

　ある。

5

(7)　BC $= 3\sqrt{10}$

解説

(7)　△ABCにおいて，余弦定理より

$$BC^2 = CA^2 + AB^2 - 2 \cdot CA \cdot AB \cdot \cos A$$

$$= 6^2 + 6^2 - 2 \cdot 6 \cdot 6 \cdot \left(-\frac{1}{4}\right)$$

$$= 36 + 36 + 18$$

$$= 90$$

BC > 0 より，BC $= \sqrt{90} = 3\sqrt{10}$

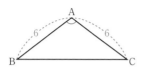

余弦定理

△ABCにおいて，次の等式が成り立つ。

$$a^2 = b^2 + c^2 - 2bc \cos A$$
$$b^2 = c^2 + a^2 - 2ca \cos B$$
$$c^2 = a^2 + b^2 - 2ab \cos C$$

$\cos A$, $\cos B$, $\cos C$について解くと次の等式になる。

$$\cos A = \frac{b^2 + c^2 - a^2}{2bc}$$
$$\cos B = \frac{c^2 + a^2 - b^2}{2ca}$$
$$\cos C = \frac{a^2 + b^2 - c^2}{2ab}$$

6

解答

(8)　$\dfrac{1}{35}$

(9)　$\dfrac{8}{35}$

解説

(8)　袋から同時に取り出した3個の球が赤色を含まないのは，袋から白球2個と青球1個の合計3個の球を取り出した場合である。

　7個の球から3個の球を取り出す場合の数は

$$_7C_3 = \frac{7 \cdot 6 \cdot 5}{3 \cdot 2 \cdot 1} = 35 (通り)$$

　白球2個と青球1個の合計3個の球から3個の球を取り出す場合の数は

$$_3C_3 = 1 (通り)$$

　以上より，求める確率は，$\dfrac{1}{35}$

(9)　袋から同時に取り出した3個の球の色が3種類になるのは，袋から赤球，白球，青球をそれぞれ1個取り出した場合である。

　7個の球から3個の球を取り出す場合の数は，(8)より35通りである。

　赤球，白球，青球をそれぞれ1個取り出す場合の数は

$$_4C_1 \cdot _2C_1 \cdot _1C_1 = 4 \cdot 2 \cdot 1 = 8 (通り)$$

　以上より，求める確率は，$\dfrac{8}{35}$

別の解き方1

　3個の球を1個ずつ袋に戻さずに取り出す場合を考える。赤球，白球，青球をそれぞれ1個取り出したときの並べ方は，3! $= 6$(通り)である。たとえば，赤球，白球，青球の順に取り出す確率は

$$\frac{4}{7} \cdot \frac{2}{6} \cdot \frac{1}{5} = \frac{4}{105}$$

　他の順番で取り出す確率も上式の分子の順序が変わるのみなので，求める確率は

$$6 \cdot \frac{4}{105} = \frac{8}{35}$$

別の解き方2

　7個の球から3個の球を取り出す場合の数は，(8)より35通りである。

(ⅰ)　赤球3個の取り出し方は
$$_4C_3 = {}_4C_1 = 4（通り）$$

(ⅱ)　赤球2個，白球1個の取り出し方は
$$_4C_2 \cdot {}_2C_1 = \frac{4 \cdot 3}{2 \cdot 1} \cdot 2 = 12（通り）$$

(ⅲ)　赤球2個，青球1個の取り出し方は
$$_4C_2 \cdot {}_1C_1 = \frac{4 \cdot 3}{2 \cdot 1} \cdot 1 = 6（通り）$$

(ⅳ)　赤球1個，白球2個の取り出し方は
$$_4C_1 \cdot {}_2C_2 = 4 \cdot 1 = 4（通り）$$

(ⅴ)　青球1個，白球2個の取り出し方は
$$_1C_1 \cdot {}_2C_2 = 1 \cdot 1 = 1（通り）$$

　赤球，白球，青球をそれぞれ1個取り出す方法は(ⅰ)〜(ⅴ)の和事象の余事象となるから，求める確率は
$$1 - \frac{4+12+6+4+1}{35} = \frac{35-27}{35}$$
$$= \frac{8}{35}$$

余事象

全事象Uの中の事象Aに対して，Aが起こらないという事象をAの余事象といい，$\overline{A}$で表す。

余事象の確率

事象Aと余事象$\overline{A}$は互いに排反であるから，次の式が成り立つ。
$$P(\overline{A}) = 1 - P(A)$$

7

解答

(10)　1→3→7→1，1→2→4→9→1

解説

(10)　先頭の数が1になるのは，2をかけて桁が繰り上がるときである。

　2をかけて桁が繰り上がるのは先頭の数が5，6，7，8，9だから，残りの2パターンは「7→1」と「9→1」である。

　「7→1」のパターンとなるとき

　先頭の数が7になるのは，先頭の数が3のときに2をかけた場合なので
$$3 \to 7 \to 1$$
となる。よって，問題で与えられたパターンから
$$1 \to 3 \to 7 \to 1$$
が求める1つのパターンである。

　「9→1」のパターンとなるとき

　先頭の数が9になるのは，先頭の数が4のときに2をかけた場合なので
$$4 \to 9 \to 1$$
となる。よって，問題で与えられたパターンから
$$1 \to 2 \to 4 \to 9 \to 1$$
が求める1つのパターンである。

　以上より，求めるパターンは「1→3→7→1」と「1→2→4→9→1」である。

別の解き方

　先頭の数が$a（a=1，2，3，4）$の正の整数に2をかけると，先頭の数は$2a$または$2a+1$になる。先頭の数が$b（b=5，6，7，8，9）$の正の整数に2をかけると，先頭の数は1になる。

　以上より，考えられるパターンは下の図のようになり，求めるパターンは，「1→2→4→9→1」と「1→3→7→1」になることがわかる。

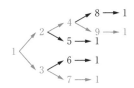

1

解答

(1) $15x^2 - 8$

(2) $(a+1)(a-2)$

(3) $\dfrac{\sqrt{3}}{9}$

(4) $x = 1 \pm 2\sqrt{3}$

(5) $y = -\dfrac{2}{3}x^2$

解説

(1) $(2x-5)(4x+3) + 7(x+1)^2$

$= 8x^2 + 6x - 20x - 15 + 7(x^2 + 2x + 1)$

$= 8x^2 - 14x - 15 + 7x^2 + 14x + 7$

$= 15x^2 - 8$

乗法公式

$(x+a)(x+b) = x^2 + (a+b)x + ab$

$(a+b)^2 = a^2 + 2ab + b^2$

$(a-b)^2 = a^2 - 2ab + b^2$

$(a+b)(a-b) = a^2 - b^2$

$(ax+b)(cx+d) = acx^2 + (ad+bc)x + bd$

$(a+b+c)^2 = a^2 + b^2 + c^2 + 2ab + 2bc + 2ca$

---

(2) $a^2 - a - 2$

$= a^2 + (1-2)a + 1 \times (-2)$

$= (a+1)(a-2)$

因数分解の公式

$x^2 + (a+b)x + ab = (x+a)(x+b)$

$a^2 + 2ab + b^2 = (a+b)^2$

$a^2 - 2ab + b^2 = (a-b)^2$

$a^2 - b^2 = (a+b)(a-b)$

$acx^2 + (ad+bc)x + bd = (ax+b)(cx+d)$

---

(3) $\dfrac{4}{\sqrt{12}} - \dfrac{5}{\sqrt{27}}$

$= \dfrac{4}{2\sqrt{3}} - \dfrac{5}{3\sqrt{3}}$

$= \dfrac{2}{\sqrt{3}} - \dfrac{5}{3\sqrt{3}}$

$= \dfrac{2 \times \sqrt{3}}{\sqrt{3} \times \sqrt{3}} - \dfrac{5 \times \sqrt{3}}{3\sqrt{3} \times \sqrt{3}}$

分母と分子に $\sqrt{3}$ をかける

$= \dfrac{2\sqrt{3}}{3} - \dfrac{5\sqrt{3}}{9}$

$= \dfrac{\sqrt{3}}{9}$

平方根の性質

正の数 a, b について

$\sqrt{a^2} = a$, $\sqrt{a} \times \sqrt{b} = \sqrt{ab}$,

$\dfrac{\sqrt{a}}{\sqrt{b}} = \sqrt{\dfrac{a}{b}}$, $\sqrt{a^2 b} = a\sqrt{b}$

分母の有理化

分母に $\sqrt{}$ を含まない形に変形すること。

---

(4) $(x-1)^2 = 12$
$\qquad x-1 = \pm 2\sqrt{3}$
$\qquad x = 1 \pm 2\sqrt{3}$

平方根の考えを使った2次方程式の解き方
$x^2 = m$ の形をした2次方程式は，平方根の考え方で解くことができる。

別の解き方
$(x-1)^2 = 12$
$x^2 - 2x + 1 = 12$
$x^2 - 2x - 11 = 0$
$x = \dfrac{-(-2) \pm \sqrt{(-2)^2 - 4 \times 1 \times (-11)}}{2 \times 1}$ ◄── 解の公式
$= \dfrac{2 \pm \sqrt{48}}{2}$ ◄── 根号の中を
$= \dfrac{2 \pm 4\sqrt{3}}{2}$ 簡単にする
$= 1 \pm 2\sqrt{3}$

2次方程式の解の公式
2次方程式 $ax^2 + bx + c = 0$ の解は
$$x = \dfrac{-b \pm \sqrt{b^2 - 4ac}}{2a}$$

(5) y は x の2乗に比例するので，$y = ax^2$ とおける。
$y = ax^2$ に $x = 3$, $y = -6$ を代入して
$\qquad -6 = a \times 3^2$
$\qquad 9a = -6$
$\qquad a = -\dfrac{2}{3}$
よって，$y = -\dfrac{2}{3}x^2$

2

解答

(6) $71°$ 　　　　(7) $\sqrt{33}$ cm

(8) $a^4 - 2a^3 + 5a^2 - 4a + 4$

(9) $(3a + 2b)(a - b)$ 　　(10) 4

解説

(6) $\overparen{BC}$ に対する円周角であるから
$\qquad \angle BDC = \angle BAC$
$\qquad\qquad = 39°$
$\triangle CDE$ において内角と
外角の性質から
$\qquad \angle ACD = \angle BEC - \angle BDC$
$\qquad\qquad = 110° - 39°$
$\qquad\qquad = 71°$

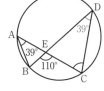

円周角の定理
1つの弧に対する円周角の大きさは一定で，その弧に対する中心角の大きさの半分である。

(7) 長方形の縦の長さを$x$cmとすると，三平方の定理より

$$4^2 + x^2 = 7^2$$
$$x^2 = 49 - 16 = 33$$
$$x > 0 \text{ より, } x = \sqrt{33}$$

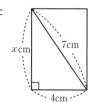

三平方の定理

直角三角形において，直角をはさむ2辺の長さをa，b，斜辺の長さをcとすると次の式が成り立つ。

$$a^2 + b^2 = c^2$$

---

(8) $(a^2 - a + 2)^2$

$= (a^2)^2 + (-a)^2 + 2^2$
$\qquad + 2 \cdot a^2 \cdot (-a) + 2 \cdot (-a) \cdot 2 + 2 \cdot 2 \cdot a^2$
$= a^4 + a^2 + 4 - 2a^3 - 4a + 4a^2$
$= a^4 - 2a^3 + 5a^2 - 4a + 4$

(9) $3a^2 - ab - 2b^2$

$= (3a + 2b)(a - b)$

```
3    2 ──→  2
1 ╳ -1 ──→ -3
3   -2     -1
```

(10) $\dfrac{5}{\sqrt{11} + 4} + \sqrt{11}$

$\dfrac{5}{\sqrt{11}+4}$ の分母と分子に$\sqrt{11}-4$をかける

$= \dfrac{5(\sqrt{11} - 4)}{(\sqrt{11} + 4)(\sqrt{11} - 4)} + \sqrt{11}$

$= \dfrac{5(\sqrt{11} - 4)}{11 - 16} + \sqrt{11}$

$= -(\sqrt{11} - 4) + \sqrt{11}$

$= 4$

3

解答

(11) (3, 5)   (12) $x \leq 1$, $5 \leq x$

(13) 57

(14)① $\dfrac{4\sqrt{5}}{9}$ ② $4\sqrt{5}$

(15)① 1320   ② 220

解説

(11) $y = x^2 - 6x + 14$ を平方完成すると

$$y = x^2 - 6x + 14$$
$$= (x - 3)^2 - 3^2 + 14$$
$$= (x - 3)^2 + 5$$

よって，頂点の座標は(3, 5)

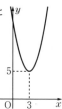

2次関数 $y = a(x - p)^2 + q$ のグラフ

$y = ax^2$ のグラフを，x軸方向にp，y軸方向にqだけ平行移動した放物線で，軸は直線$x = p$，頂点は点(p, q)である。

平方完成

2次式 $ax^2 + bx + c$ を $a(x - p)^2 + q$ の形に変形すること。

---

(12) $x^2 - 6x + 5 \geq 0$

$(x - 1)(x - 5) \geq 0$

$x \leq 1$, $5 \leq x$

2次不等式の解

2次方程式 $ax^2 + bx + c = 0 (a > 0)$ が異なる2つの解α，$\beta (\alpha < \beta)$をもつとき

$$ax^2 + bx + c = a(x - \alpha)(x - \beta)$$

と表せる。

$a(x - \alpha)(x - \beta) > 0$の解は，$x < \alpha$, $\beta < x$

$a(x - \alpha)(x - \beta) \geq 0$の解は，$x \leq \alpha$, $\beta \leq x$

$a(x - \alpha)(x - \beta) < 0$の解は，$\alpha < x < \beta$

$a(x - \alpha)(x - \beta) \leq 0$の解は，$\alpha \leq x \leq \beta$

(13) $111001_{(2)}$ を10進法で表すと

$111001_{(2)}$
$= 1 \times 2^5 + 1 \times 2^4 + 1 \times 2^3 + 0 \times 2^2 + 0 \times 2^1 + 1 \times 1$
$= 32 + 16 + 8 + 0 + 0 + 1$
$= 57$

2進法

0と1の2種類の数字を用いて，右から順に
$1,\ 2^1,\ 2^2,\ 2^3,\ \cdots$ の位として表す方法

---

(14)① $\sin^2\theta + \cos^2\theta = 1$ より

$\sin^2\theta = 1 - \cos^2\theta$

$\qquad = 1 - \left(\dfrac{1}{9}\right)^2$

$\qquad = \dfrac{80}{81}$

$0° < \theta < 90°$ より，$\sin\theta > 0$ だから

$\qquad \sin\theta = \dfrac{4\sqrt{5}}{9}$

② $\tan\theta = \dfrac{\sin\theta}{\cos\theta}$

$\qquad = \dfrac{4\sqrt{5}}{9} \div \dfrac{1}{9}$

$\qquad = 4\sqrt{5}$

三角比の相互関係

$\tan\theta = \dfrac{\sin\theta}{\cos\theta}$

$\sin^2\theta + \cos^2\theta = 1$

$1 + \tan^2\theta = \dfrac{1}{\cos^2\theta}$

---

(15)① $_{12}P_3 = 12 \cdot 11 \cdot 10$

$\qquad = 1320$

② $_{12}C_3 = \dfrac{12 \cdot 11 \cdot 10}{3 \cdot 2 \cdot 1}$

$\qquad = 220$

順列

異なる n 個のものから r 個取り出し，1列に並べたものを，順列という。その総数を $_nP_r$ で表し，次の式が成り立つ。

$$_nP_r = n(n-1)(n-2)\cdots(n-r+1) = \frac{n!}{(n-r)!}$$

ただし，$_nP_0 = 1$

$n!$ は1から n までの整数の積を表し，n の階乗という。

$$_nP_n = n! = n(n-1)(n-2)\cdots 3 \cdot 2 \cdot 1$$

ただし，$0! = 1$

組合せ

異なる n 個のものから r 個取り出した1組を，組合せという。その総数を $_nC_r$ で表し，次の式が成り立つ。

$$_nC_r = \frac{_nP_r}{r!} = \frac{n(n-1)(n-2)\cdots(n-r+1)}{r(r-1)(r-2)\cdots 3 \cdot 2 \cdot 1} = \frac{n!}{r!(n-r)!}$$

ただし，$_nC_0 = 1$

$_nC_r$ について，次の式が成り立つ。

①$_nC_r = {}_nC_{n-r}$

②$_nC_r = {}_{n-1}C_{r-1} + {}_{n-1}C_r$

解答

(1) 解説参照

(2) $\dfrac{15}{2}$ cm

解説

(1) △ABCと△ADBにおいて
共通の角より

$\angle BAC = \angle DAB$ …①

また，∠ABC = 2∠ACB

および∠ABC = 2∠ABDより

$\angle ACB = \angle ABD$ …②

①，②より，2組の角がそれぞれ等しいから

△ABC∽△ADB

三角形の相似条件

2つの三角形は，次の条件のうちいずれか
が成り立つとき，相似になる。

① 3組の辺の比がすべて等しい。

$a : d = b : e = c : f$

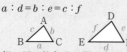

② 2組の辺の比とその間の角がそれぞれ
等しい。

$a : d = c : f,\ \angle B = \angle E$

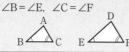

③ 2組の角がそれぞれ等しい。

$\angle B = \angle E,\ \angle C = \angle F$

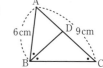

---

(2) △ABC∽△ADBより

$\begin{aligned}
AB : AD &= AC : AB \\
&= 9 : 6 \\
&= 3 : 2
\end{aligned}$

よって

$AD = \dfrac{2}{3}AB = \dfrac{2}{3} \times 6 = 4(cm)$

ここで，∠DBC = ∠DCBより

$DB = DC = AC - AD = 9 - 4 = 5(cm)$

また，△ABC∽△ADBより

$AC : AB = BC : DB$

$3 : 2 = BC : 5$

$BC = \dfrac{3}{2} \times 5 = \dfrac{15}{2}(cm)$

相似な図形の性質

相似な2つの図形で，対応する角の大きさは
それぞれ等しくなる。また対応する線分の長
さの比はすべて等しく，これを相似比という。

2

解答

(3) $x = 5$

解説

(3) 三角錐の体積は

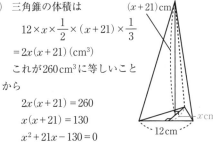

$$12 \times x \times \frac{1}{2} \times (x+21) \times \frac{1}{3}$$

$$= 2x(x+21)\,(\text{cm}^3)$$

これが260cm³に等しいことから

$$2x(x+21) = 260$$
$$x(x+21) = 130$$
$$x^2 + 21x - 130 = 0$$
$$(x+26)(x-5) = 0$$
$$x = -26,\ 5$$

$x > 0$より，$x = 5$である。

> **因数分解を使った2次方程式の解き方**
> 2つの数や式について「$AB = 0$ならば$A = 0$または$B = 0$」が成り立つ。これを用いて，2次方程式を解くことができる。

3

解答

(4) 140個

解説

(4) 不良品の数をx個とすると

$$\underset{\substack{母集団の\\大きさ}}{9500} : \underset{\substack{すべての\\不良品}}{x} = \underset{\substack{標本の\\大きさ}}{200} : \underset{\substack{取り出した\\不良品}}{3}$$

$$200x = 28500$$
$$x = 142.5$$

一の位を四捨五入すると140であるから，不良品はおよそ140個含まれていると考えられる。

> **標本調査の利用**
> 標本調査の結果から，母集団の性質を推測できる。

4

解答

(5) $\dfrac{3}{4}$

(6) $k = 2\sqrt{2}$

解説

(5) △ABCにおいて，余弦定理より

$$\cos A = \frac{CA^2 + AB^2 - BC^2}{2 \cdot CA \cdot AB}$$

$$= \frac{(6k)^2 + (5k)^2 - (4k)^2}{2 \cdot 6k \cdot 5k}$$

$$= \frac{45k^2}{60k^2}$$

$$= \frac{3}{4}$$

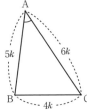

> **余弦定理**
> △ABCにおいて，次の等式が成り立つ。
> $$a^2 = b^2 + c^2 - 2bc\cos A$$
> $$b^2 = c^2 + a^2 - 2ca\cos B$$
> $$c^2 = a^2 + b^2 - 2ab\cos C$$
>
>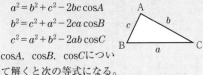
>
> $\cos A,\ \cos B,\ \cos C$について解くと次の等式になる。
> $$\cos A = \frac{b^2 + c^2 - a^2}{2bc}$$
> $$\cos B = \frac{c^2 + a^2 - b^2}{2ca}$$
> $$\cos C = \frac{a^2 + b^2 - c^2}{2ab}$$

(6) $\sin A > 0$ より，(5)の結果を用いて

$$\sin A = \sqrt{1 - \cos^2 A}$$
$$= \sqrt{1 - \left(\frac{3}{4}\right)^2}$$
$$= \frac{\sqrt{7}}{4}$$

△ABCの面積が $30\sqrt{7}$ であるから

$$\frac{1}{2} \cdot CA \cdot AB \cdot \sin A = 30\sqrt{7}$$
$$\frac{1}{2} \cdot 6k \cdot 5k \cdot \frac{\sqrt{7}}{4} = 30\sqrt{7}$$
$$k^2 = 8$$

$k > 0$ より，$k = 2\sqrt{2}$ である。

三角形の面積

△ABCの面積をSとすると

$$S = \frac{1}{2}bc\sin A = \frac{1}{2}ca\sin B = \frac{1}{2}ab\sin C$$

解答

(7) $\sqrt{5} - 2$

解説

(7) 線分AB上の点P，Qの位置は，下の図のようになる。

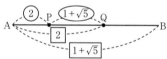

$AP : PQ = 2 : (1+\sqrt{5})$ より，$PQ = \dfrac{1+\sqrt{5}}{2}AP$

$AQ : AB = 2 : (1+\sqrt{5})$ より，$AQ = \dfrac{2}{1+\sqrt{5}}AB$

これを $AP = AQ - PQ$ に代入して

$$AP = \frac{2}{1+\sqrt{5}}AB - \frac{1+\sqrt{5}}{2}AP$$

$$\frac{3+\sqrt{5}}{2}AP = \frac{2}{1+\sqrt{5}}AB$$

よって

$$\frac{AP}{AB} = \frac{2 \cdot 2}{(3+\sqrt{5})(1+\sqrt{5})}$$
$$= \frac{1}{2+\sqrt{5}}$$
$$= \frac{\sqrt{5}-2}{(\sqrt{5}+2)(\sqrt{5}-2)}$$
$$= \frac{\sqrt{5}-2}{5-4}$$
$$= \sqrt{5}-2$$

別の解き方

$AP : PQ = 2 : (1+\sqrt{5})$ より，$AP = 2k$，$PQ = (1+\sqrt{5})k$（kは定数）とする。

$\dfrac{AP}{AB}$ を変形すると

$$\frac{AP}{AB} = \frac{AQ}{AB} \cdot \frac{AP}{AQ}$$
$$= \frac{AQ}{AB} \cdot \frac{AP}{AP+PQ}$$
$$= \frac{2}{1+\sqrt{5}} \cdot \frac{2k}{2k+(1+\sqrt{5})k}$$
$$= \frac{2 \cdot 2}{(1+\sqrt{5})(3+\sqrt{5})}$$
$$= \frac{1}{2+\sqrt{5}}$$
$$= \frac{\sqrt{5}-2}{(\sqrt{5}+2)(\sqrt{5}-2)}$$
$$= \frac{\sqrt{5}-2}{5-4}$$
$$= \sqrt{5}-2$$

6

解答

(8) $\dfrac{1}{256}$

(9) $\dfrac{135}{512}$

解説

(8) 4試合を終えた時点でAさんが4勝0敗となる確率は
$$\left(\dfrac{1}{4}\right)^4 = \dfrac{1}{256}$$

(9) どの試合も，BさんがAさんに勝つ確率は
$1-\dfrac{1}{4}=\dfrac{3}{4}$であるから，5試合を終えた時点で
Aさんが2勝3敗となる確率は
$$_5C_2\left(\dfrac{1}{4}\right)^2\left(\dfrac{3}{4}\right)^3=\dfrac{5\cdot4}{2\cdot1}\cdot\dfrac{1}{16}\cdot\dfrac{27}{64}$$
$$=\dfrac{135}{512}$$

7

解答

(10) A 4，B 5，C 6

解説

(10) $A+2=B+1=C$より，$(A,\ B,$
$C)$はA，B，Cの順に連続する3つの整数であるから，
$(1,\ 2,\ 3)$，$(2,\ 3,\ 4)$，$(3,\ 4,\ 5)$，$(4,\ 5,\ 6)$，
$(5,\ 6,\ 7)$，$(6,\ 7,\ 8)$，$(7,\ 8,\ 9)$の7組が考えられる。

　　千の位と十の位がAで，百の位と一の位がCの4桁の整数ACACは
$$1313\leqq ACAC\leqq7979$$
　　十の位と一の位がBである2桁の整数BBの10倍の$10\cdot BB$は
$$220\leqq10\cdot BB\leqq880$$
　　$A^C=ACAC-10\cdot BB$だから
$$(1313-220)\leqq A^C\leqq(7979-880)$$
$$1093\leqq A^C\leqq7099$$

具体的にA^Cを計算すると
$$3^5=243$$
$$4^6=4096$$
$$5^7=78125$$
より，条件を満たす可能性があるのは，
$(A,\ B,\ C)=(4,\ 5,\ 6)$である。
　　このとき
$$ACAC-10\cdot BB=4646-10\cdot55=4096$$
$$A^C=4^6=4096$$
　　よって，$(A,\ B,\ C)=(4,\ 5,\ 6)$が求める組である。

別の解き方

　　$A+2=B+1=C$より，$(A,\ B,\ C)$はA，B，Cの順に連続する3つの整数である。
　　$(A,\ B,\ C)=(1,\ 2,\ 3)$のとき
$$ACAC-A^C=1313-1^3=1312$$
　　$(A,\ B,\ C)=(2,\ 3,\ 4)$のとき
$$ACAC-A^C=2424-2^4=2408$$
　　$(A,\ B,\ C)=(3,\ 4,\ 5)$のとき
$$ACAC-A^C=3535-3^5=3292$$
これらはいずれもBBの10倍になり得ない。
　　$(A,\ B,\ C)=(4,\ 5,\ 6)$のとき
$$ACAC-A^C=4646-4^6=550$$
$$550=10\cdot55=10\cdot BB$$
となるから，条件を満たす。
　　$(A,\ B,\ C)=(5,\ 6,\ 7)$，$(6,\ 7,\ 8)$，$(7,\ 8,\ 9)$
のときは，いずれもA^Cが5桁以上の整数となるから，$ACAC-A^C(<0)$はBBの10倍となり得ない。
　　以上より，$(A,\ B,\ C)=(4,\ 5,\ 6)$が求める組である。

実用数学技能検定® 数検

過去問題集 準2級

模範解答

1	(1)	$a^2 + 16b^2$
	(2)	$(x-8)(x+3)$
	(3)	$4\sqrt{2}$
	(4)	$x = -2 \pm 2\sqrt{5}$
	(5)	$a = -2$
2	(6)	$36°$
	(7)	$x = 2\sqrt{13}$
	(8)	$a^2 + 2ab + b^2 + a + b - 2$
	(9)	$(x+y)(x-y)(z-1)$
	(10)	-12

※自分が受検する階級の解答用紙であるか確認してください。太わくの部分は必ず記入してください。

ここに1次検定用のバーコードシールを貼ってください。

ふりがな 姓　　名	受検番号 ―
生年月日　大正　昭和　平成　西暦	年　月　日生
性別（☐をぬりつぶしてください）男☐　女☐	年齢　　歳
住所　☐☐☐-☐☐☐☐	/15

公益財団法人 日本数学検定協会

3	(11)		$(3,\ 10)$
	(12)		$x \leqq \dfrac{4}{3}$
	(13)		85
	(14)	①	$-\dfrac{\sqrt{35}}{6}$
		②	$-\dfrac{1}{\sqrt{35}}$
	(15)	①	120
		②	20

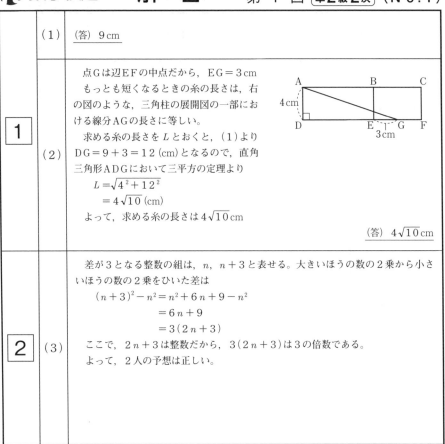

1

(1)

(答)　9cm

(2)

点Gは辺EFの中点だから，EG＝3cm

もっとも短くなるときの糸の長さは，右の図のような，三角柱の展開図の一部における線分AGの長さに等しい。

求める糸の長さを L とおくと，（1）より

DG＝9＋3＝12（cm）となるので，直角三角形ADGにおいて三平方の定理より

$$L=\sqrt{4^2+12^2}$$
$$=4\sqrt{10}\ (cm)$$

よって，求める糸の長さは $4\sqrt{10}$ cm

(答)　$4\sqrt{10}$ cm

2

(3)

差が3となる整数の組は，n，$n+3$ と表せる。大きいほうの数の2乗から小さいほうの数の2乗をひいた差は

$$(n+3)^2-n^2=n^2+6n+9-n^2$$
$$=6n+9$$
$$=3(2n+3)$$

ここで，$2n+3$ は整数だから，$3(2n+3)$ は3の倍数である。

よって，2人の予想は正しい。

※自分が受検する階級の解答用紙であるか確認してください。太わくの部分は必ず記入してください。

ここに2次検定用のバーコードシールを貼ってください。

ふりがな		受検番号
姓	名	—

生年月日　大正　昭和　平成　西暦　　年　月　日生

性別（□をぬりつぶしてください）男□　女□　　年齢　　歳

□□□-□□□□

住所

／10

公益財団法人 日本数学検定協会

3	(4)	(答) $n = 6,\ 12,\ 16,\ 18$

	(5)	(答) $x = 4$

4	(6)	x の2次方程式 $\qquad x^2 + (2-a)x + 3a - 14 = 0$　…① の判別式を D とする。①が異なる2つの実数解をもつから $D > 0$ である。 　ここで $\qquad D = (2-a)^2 - 4(3a - 14)$ $\qquad\quad = a^2 - 16a + 60$ より $\qquad a^2 - 16a + 60 > 0$ $\qquad (a-6)(a-10) > 0$ $\qquad a < 6,\ 10 < a$ <div align="right">(答) $a < 6,\ 10 < a$</div>

5	(7)	出た目の数の積が3の倍数になるのは，3の倍数の目が少なくとも1回出る場合である。よって，「3の倍数の目が少なくとも1回出る」事象は「3の倍数の目が1回も出ない」事象 A の余事象 $\overline{A}$ である。 　3の倍数以外の目は，1，2，4，5の4つであるから $\qquad P(A) = \left(\dfrac{4}{6}\right)^6 = \dfrac{64}{729}$ よって，求める確率は	$P(\overline{A}) = 1 - P(A)$ $\qquad\quad = 1 - \dfrac{64}{729}$ $\qquad\quad = \dfrac{665}{729}$ <div align="right">(答) $\dfrac{665}{729}$</div>

6	(8)	△ABCにおいて，余弦定理より $BC^2 = AB^2 + CA^2 - 2 \cdot AB \cdot CA \cdot \cos A$ $\qquad = 6^2 + 5^2 - 2 \cdot 6 \cdot 5 \cdot \dfrac{2}{5}$ $\qquad = 36 + 25 - 24$ $\qquad = 37$ $BC > 0$ より，$BC = \sqrt{37}$ （答） $BC = \sqrt{37}$
	(9)	（答） $3\sqrt{21}$
7	(10)	（答） $61, \ 107, \ 153$

1	(1)	$-8a^2$
	(2)	$(9a+7b)(9a-7b)$
	(3)	180
	(4)	$x=1\pm4\sqrt{2}$
	(5)	$a=\dfrac{5}{3}$
2	(6)	$x=\dfrac{40}{7}$
	(7)	$11\,\text{cm}$
	(8)	a^4+4
	(9)	$(2a+3)(2a-1)$
	(10)	$\dfrac{58}{11}$

※自分が受検する階級の解答用紙であるか確認してください。太わくの部分は必ず記入してください。

ここに1次検用のバーコードシールを貼ってください。

ふりがな		受検番号
姓	名	―

生年月日　大正　昭和　平成　西暦	年　月　日生

性別（□をぬりつぶしてください）男□　女□	年齢　　歳

住所	□□□-□□□□
	/15

公益財団法人 **日本数学検定協会**

3	(11)		$(-4, -15)$
	(12)		$x = -14, 8$
	(13)		$12 : 5$
	(14)	①	$-\dfrac{\sqrt{13}}{7}$
		②	$-\dfrac{6\sqrt{13}}{13}$
	(15)	①	1680
		②	220

1	（1）	△AOCと△ABDにおいて 直線ACは円Oの接線であり，点Cはその接点だから 　　∠OCA＝90°…① 仮定より 　　∠BDA＝90°…② ①，②より 　　∠OCA＝∠BDA　…③ 共通の角より 　　∠CAO＝∠DAB　…④ ③，④より，2組の角がそれぞれ等しいので 　　△AOC∽△ABD
	（2）	（答）$\dfrac{48}{5}$ cm
2	（3）	$\sqrt{9}<\sqrt{13}<\sqrt{16}$ だから 　　$3<\sqrt{13}<4$ これより，$\sqrt{13}$ の整数部分は3であり，$a=\sqrt{13}-3$ となる。 よって 　　$a^2+6a=a(a+6)$ 　　　　　　$=(\sqrt{13}-3)(\sqrt{13}+3)$ 　　　　　　$=(\sqrt{13})^2-3^2$ 　　　　　　$=13-9$ 　　　　　　$=4$ 　　　　　　　　　　　　　　　　　　　　　　（答）4

※自分が受検する階級の解答用紙であるか確認してください。**太わくの部分は必ず記入してください。**

ここに2次検定用のバーコードシールを貼ってください。

ふりがな		受検番号
姓	名	—

生年月日	大正　昭和　平成　西暦	年　　月　　日生

性別（□をぬりつぶしてください）男□　女□　　年齢　　　歳

住所　□□□-□□□□

／10

公益財団法人 **日本数学検定協会**

$\boxed{3}$	（4）	（答）　４１０個
	（5）	（答）　$-\dfrac{9}{4}$
$\boxed{4}$	（6）	xの2次方程式 $x^2 - ax + a^2 + 6a - 9 = 0$ の判別式をDとすると $D = (-a)^2 - 4(a^2 + 6a - 9)$ $\qquad = -3a^2 - 24a + 36$ $\qquad = -3(a^2 + 8a - 12)$ 2次関数のグラフがx軸と接するとき，$D = 0$より $a^2 + 8a - 12 = 0$ $a = -4 \pm 2\sqrt{7}$ 　　　　　　　　　　　　　（答）$a = -4 \pm 2\sqrt{7}$
$\boxed{5}$	（7）	$\triangle$ABCにおいて，余弦定理より $\cos A = \dfrac{\mathrm{CA}^2 + \mathrm{AB}^2 - \mathrm{BC}^2}{2 \cdot \mathrm{CA} \cdot \mathrm{AB}}$ $\qquad = \dfrac{7^2 + 6^2 - 8^2}{2 \cdot 7 \cdot 6}$ $\qquad = \dfrac{49 + 36 - 64}{2 \cdot 7 \cdot 6}$ $\qquad = \dfrac{1}{4}$ 　　　　　　　　　　　　　（答）$\dfrac{1}{4}$

6	(8)	(答) $\dfrac{1}{15}$	

	(9)	箱Aから引いたくじが当たりくじである事象を X，箱Bから引いたくじが当たりくじである事象を Y とする。 　このとき，箱A，Bから引いたくじが当たりくじでない事象はそれぞれ X，Y の余事象 $\overline{X}$，$\overline{Y}$ である。 　箱Aから当たりくじを引き，箱Bから当たりくじでないくじを引く事象 $X \cap \overline{Y}$ が起こる確率は $P(X \cap \overline{Y}) = \dfrac{2}{9} \cdot \left(1 - \dfrac{3}{10}\right)$ $= \dfrac{2}{9} \cdot \dfrac{7}{10} = \dfrac{14}{90}$	箱Aから当たりくじでないくじを引き，箱Bから当たりくじを引く事象 $\overline{X} \cap Y$ が起こる確率は $P(\overline{X} \cap Y) = \left(1 - \dfrac{2}{9}\right) \cdot \dfrac{3}{10}$ $= \dfrac{7}{9} \cdot \dfrac{3}{10} = \dfrac{21}{90}$ 2つの事象 $X \cap \overline{Y}$，$\overline{X} \cap Y$ は同時には起こらないことから，求める確率は $\dfrac{14}{90} + \dfrac{21}{90} = \dfrac{35}{90} = \dfrac{7}{18}$ (答) $\dfrac{7}{18}$

7	(10)	(答) ２３６

公益財団法人 **日本数学検定協会**

Memo

1	(1)	$3a + 2$
	(2)	$(a + 2b)(a + 3b)$
	(3)	$2\sqrt{2}$
	(4)	$x = 2 \pm \sqrt{5}$
	(5)	$y = -\dfrac{1}{2}x^2$
2	(6)	$x = \dfrac{10}{3}$
	(7)	$x = 3\sqrt{5}$
	(8)	$a^4 - 17a^2 + 16$
	(9)	$(a - 3b)(2a + b)$
	(10)	$19 + 6\sqrt{10}$

※自分が受検する階級の解答用紙であるか確認してください。太わくの部分は必ず記入してください。

ここに1次検定用のバーコードシールを貼ってください。	

ふりがな			受検番号
姓	名		—

生年月日　大正　昭和　平成　西暦		年　月　日生

性別（□をぬりつぶしてください）男□ 女□　年齢　　歳

住　所	□□□-□□□□

/15

公益財団法人 日本数学検定協会

3	(11)		$(-3, -4)$
	(12)		$-2 \leqq x \leqq 9$
	(13)		$x = \dfrac{15}{2}$
	(14)	①	$-\dfrac{\sqrt{5}}{3}$
		②	$-\dfrac{2\sqrt{5}}{5}$
	(15)	①	24
		②	28

1	（1）	$\triangle$AEF$\infty\triangle$CBF より 　　AE：CB＝AF：CF　…① ここで，$\triangle$ABCは1辺が6cmの正三角形より 　　BC＝CA＝6cm したがって，①より 　　AF：CF＝AE：CB＝2：6＝1：3 よって 　　CF＝$\dfrac{3}{1+3}\times$CA 　　　　＝$\dfrac{3}{4}\times6＝\dfrac{9}{2}$(cm) （答）$\dfrac{9}{2}$ cm
	（2）	（答）$\dfrac{14}{3}$ cm
2	（3）	AB＝$x$cm より，BC＝2$x$cm だから，直方体ABCD－EFGHの表面積は 　　$2\times(x\times2x+x\times8+2x\times8)＝4x^2+48x$ (cm²) これが180cm²に等しいから 　　$4x^2+48x＝180$ 　　$x^2+12x-45＝0$ 　　$(x+15)(x-3)＝0$ 　　$x＝-15,\ 3$ 　　$x>0$より，$x＝3$ （答）$x＝3$

ここに2次検定用のバーコードシールを
貼ってください。

ふりがな		受検番号
姓	名	―

生年月日	大正　昭和　平成　西暦	年　月　日 生
性別（□をぬりつぶしてください）男□　女□		年齢　　歳
住所	□□□-□□□□	/10

公益財団法人 日本数学検定協会

3	(4)	(答) $n = 3,\ 12,\ 27,\ 108$
	(5)	(答) 正

4	(6)	与えられた2次関数の式を変形すると $y = ax^2 + bx + c$ $\quad = a\left(x + \dfrac{b}{2a}\right)^2 - \dfrac{b^2 - 4ac}{4a}$ よって，グラフの頂点の x 座標は，$-\dfrac{b}{2a}$ 条件より，これが正だから，$-\dfrac{b}{2a} > 0$ …① 一方，グラフは下に凸だから，$a > 0$ …② よって，①，②より $b < 0$ すなわち，b の符号は負である。 <div style="text-align:right">(答) 負</div>

5	(7)	△ABCにおいて，余弦定理より $\mathrm{BC}^2 = \mathrm{CA}^2 + \mathrm{AB}^2 - 2 \cdot \mathrm{CA} \cdot \mathrm{AB} \cdot \cos A$ $\quad = 6^2 + 6^2 - 2 \cdot 6 \cdot 6 \cdot \left(-\dfrac{1}{4}\right)$ $\quad = 36 + 36 + 18$ $\quad = 90$ $\mathrm{BC} > 0$ より $\quad \mathrm{BC} = \sqrt{90} = 3\sqrt{10}$ <div style="text-align:right">(答) $\mathrm{BC} = 3\sqrt{10}$</div>

	(8)	(答) $\dfrac{1}{35}$
6	(9)	袋から同時に取り出した3個の球の色が3種類になるのは，袋から赤球，白球，青球をそれぞれ1個取り出した場合である。 　7個の球から3個の球を取り出す場合の数は 　　　$_7C_3 = \dfrac{7 \cdot 6 \cdot 5}{3 \cdot 2 \cdot 1} = 35 \,(通り)$ 赤球，白球，青球をそれぞれ1個取り出す場合の数は 　　　$_4C_1 \cdot _2C_1 \cdot _1C_1 = 4 \cdot 2 \cdot 1 = 8 \,(通り)$ これより，求める確率は，$\dfrac{8}{35}$ （答）$\dfrac{8}{35}$
7	(10)	(答) $1 \to 3 \to 7 \to 1$，$1 \to 2 \to 4 \to 9 \to 1$

公益財団法人 **日本数学検定協会**

1	(1)	$15x^2 - 8$
	(2)	$(a+1)(a-2)$
	(3)	$\dfrac{\sqrt{3}}{9}$
	(4)	$x = 1 \pm 2\sqrt{3}$
	(5)	$y = -\dfrac{2}{3}x^2$
2	(6)	$71°$
	(7)	$\sqrt{33}\,\text{cm}$
	(8)	$a^4 - 2a^3 + 5a^2 - 4a + 4$
	(9)	$(3a+2b)(a-b)$
	(10)	4

※自分が受検する階級の解答用紙であるか確認してください。太わくの部分は必ず記入してください。

ここに1次検定用のバーコードシールを貼ってください。

ふりがな		受検番号
姓	名	—

生年月日 大正 昭和 平成 西暦 年 月 日生

性別（ をぬりつぶしてください）男□ 女□ 年齢 歳

□□□-□□□□

住 所

/15

公益財団法人 **日本数学検定協会**

3	(11)		$(3, 5)$
	(12)		$x \leqq 1, \ 5 \leqq x$
	(13)		57
	(14)	①	$\dfrac{4\sqrt{5}}{9}$
		②	$4\sqrt{5}$
	(15)	①	1320
		②	220

1	(1)	△ABCと△ADBにおいて 共通の角より 　　∠BAC＝∠DAB　…① また，∠ABC＝2∠ACBおよび∠ABC＝2∠ABDより 　　∠ACB＝∠ABD　…② ①，②より，2組の角がそれぞれ等しいから 　　△ABC∽△ADB が成り立つ。
	(2)	(答) $\dfrac{15}{2}$ cm
2	(3)	三角錐の体積は 　$12 \times x \times \dfrac{1}{2} \times (x+21) \times \dfrac{1}{3} = 2x(x+21)$ (cm³) これが260 cm³に等しいことから 　$2x(x+21) = 260$ 　$x^2 + 21x - 130 = 0$ 　$(x+26)(x-5) = 0$ 　$x = -26,\ 5$ よって，$x > 0$ より，$x = 5$ である。 　　　　　　　　　　　　　　　　　(答) $x = 5$

※自分が受検する階級の解答用紙であるか確認してください。太わくの部分は必ず記入してください。

ここに2次検定用のバーコードシールを貼ってください。

ふりがな		受検番号
姓	名	—
生年月日　大正　昭和　平成　西暦		年　月　日生
性別（□をぬりつぶしてください）男□　女□		年齢　　歳
住　所	□□□-□□□□	／10

公益財団法人 **日本数学検定協会**

3	(4)	(答) 140個

	(5)	(答) $\dfrac{3}{4}$

4	(6)	$\sin A > 0$ より，（5）の結果を用いて $\sin A = \sqrt{1 - \cos^2 A} = \sqrt{1 - \left(\dfrac{3}{4}\right)^2} = \dfrac{\sqrt{7}}{4}$ △ABCの面積が $30\sqrt{7}$ であるから $\dfrac{1}{2} \cdot AB \cdot CA \cdot \sin A = 30\sqrt{7}$ $\dfrac{1}{2} \cdot 5k \cdot 6k \cdot \dfrac{\sqrt{7}}{4} = 30\sqrt{7}$ $k^2 = 8$ よって，$k > 0$ より，$k = 2\sqrt{2}$ である。 　　　　　　　　　　　　　　　　　　　　　　（答）$k = 2\sqrt{2}$

5	(7)	$AP : PQ = 2 : (1+\sqrt{5})$ より，$PQ = \dfrac{1+\sqrt{5}}{2} AP$ $AQ : AB = 2 : (1+\sqrt{5})$ より，$AQ = \dfrac{2}{1+\sqrt{5}} AB$ これを $AP = AQ - PQ$ に代入して $AP = \dfrac{2}{1+\sqrt{5}} AB - \dfrac{1+\sqrt{5}}{2} AP$ $\dfrac{3+\sqrt{5}}{2} AP = \dfrac{2}{1+\sqrt{5}} AB$ よって $\dfrac{AP}{AB} = \dfrac{4}{(3+\sqrt{5})(1+\sqrt{5})} = \dfrac{1}{2+\sqrt{5}} = \dfrac{\sqrt{5}-2}{(\sqrt{5}+2)(\sqrt{5}-2)} = \dfrac{\sqrt{5}-2}{5-4}$ 　　$= \sqrt{5}-2$ 　　　　　　　　　　　　　　　　　　　　　　（答）$\sqrt{5}-2$

	(8)	(答) $\dfrac{1}{256}$
6	(9)	どの試合も，BさんがAさんに勝つ確率は $1-\dfrac{1}{4}=\dfrac{3}{4}$ であるから，5試合を終えた時点でAさんが2勝3敗となる確率は $_5\mathrm{C}_2\cdot\left(\dfrac{1}{4}\right)^2\cdot\left(\dfrac{3}{4}\right)^3=\dfrac{5\cdot4}{2\cdot1}\cdot\dfrac{1^2}{4^2}\cdot\dfrac{3^3}{4^3}$ $\phantom{_5\mathrm{C}_2\cdot\left(\dfrac{1}{4}\right)^2\cdot\left(\dfrac{3}{4}\right)^3}=\dfrac{135}{512}$ (答) $\dfrac{135}{512}$

		A	B	C
7	(10)	4	5	6

公益財団法人 **日本数学検定協会**

数学検定